學性感。

{ 成功女人必備的身體技巧 }

目 錄
Contents

妳決不想錯過的性感練習

　　這本書會教妳增進性感魅力的方法。只要遵循我們指導，我們保證妳會擁有更大的性感魅力，也會馬上感受到隨之而來的正面效應——只要妳開始使用本書。我們為什麼能做出以上保證呢？

　　首先，我們從六年前開始進行的研究中發現了性感魅力的關鍵，這些研究成了本書的基礎。確切來說，我們對不同情境下的男男女女做出了密切觀察，在這些情況下性感魅力是特別重要的。舉例來說，我們到單身者流連的酒吧去找尋讓男人受到女人吸引的訊號有哪些？我們也研究了許多的錄影，包括以性感魅力著稱的電影明星扮演性感角色演出的電影片段。我們發現，具有性感魅力的女人，知道如何使用女人性感訊號，也就是傳達出女人味的身體語言行為。這些性感訊號包括有魅力的女人移動身體、以眼睛或聲音來塑造某種形象的方式，這些特質是人類學家指出來認為可以對男人產生性吸引力的。這些訊號不是天生的，而是後天學來的，妳也可以學會如何更有效使用這些訊號。

我們設立了性感魅力工作坊，提供的訓練方法包括角色扮演和影片播放，經由這些參與密集訓練的學員工作，我們證明了這套訓練方法的實用價值，這也是我們保證妳可以憑藉閱讀和使用本書來獲得更多性感魅力的第二個理由。我們追蹤了所有學員，她們經常報告說自己跟可能發展成伴侶的人在一起的機會明顯增加，跟其他人的關係也改善了。這種訓練方法跟本書有什麼關連呢？事實上，經由故事和插畫，我們能展示訓練課程的實際狀況讓妳知道，妳閱讀時就可以自己跟著練習這些舉止。把我們當作妳的教練吧。

　　本書以故事來呈現，非常有特色。我們不是只提供妳一連串的清單和對舉止的描述，相反的，這本書會帶妳了解性感魅力的訓練過程，讓妳可以想像自己第一手經歷這些訓練的力量。故事以第一人稱來敘述，是兩個人之間的對話，其中一位是專業的性感魅力教練伊娃馬哥利思，另一位是她的學員莎莉——雖然漂亮但卻缺乏性感魅力。另一位作者史坦瓊斯則會在比較後面的幾個章節出現並參與

訓練的過程。兩位作者在故事中都以漫畫的方式來呈現。

故事中，在前言的部分，伊娃跟莎莉解釋性感魅力訓練背後的原理，之後，她幫莎莉上了七堂的訓練課程，每一堂課都聚焦在性感訊號中不同的部分，所以本書命名為《學性感。成功女人必備的身體技巧》。在尾聲的部分，莎莉在經過七堂訓練課程後的七個月，她回來報告課程有多麼成功，並接受額外的指導，學習在職場中處理性感魅力的方法（讀一下目錄看看每堂課的主題為何）。

莎莉是否真的存在呢？事實上，有好幾位莎莉，但真實生活中她們沒有人名叫莎莉。不過故事的梗是真實的，因為這是以我們大量的訓練經驗為基礎的。

我們強烈建議妳，每次閱讀一個章節，就跟著莎莉所學習到的來練習自己的舉止。妳可能希望先讀完某個章節再來練習那些訊號，也可能希望隨時暫停閱讀好練習莎莉剛學習到的每種技巧。對大部分的練習來說，鏡子就足以讓妳知道自己的舉止模樣。如果有攝影機也可以派上用場，尤其是牽涉到動作的課程，比如介紹走路那課。「第五課」討論了聲音的使用，錄音機也可加以運用。在最後幾章介紹調情、初次約會、職場性感魅力的章節裡，如果有人可以跟妳角色扮演也很有用。可以找男性朋友，也可以找女性朋友來跟妳練習（女人真的很擅長飾演男人的角

色）。

　　妳可能發現有些章節只要加以閱讀，就能讓妳的舉止產生明顯的正面改變；或許妳覺得自己已經擁有些性感魅力，只是想要加深別人的印象，這些章節對妳就更有用。如果妳覺得有某些主題讓妳比較感興趣，妳也可以直接跳到那個章節來閱讀，比如「第六課」關於調情和解讀男性訊號的那章。但如果妳從頭閱讀，就更能了解莎莉是怎樣一步步擁有那些技巧的。不管如何，我們建議妳一面閱讀，也要一面身體力行練習那些技巧。就如同伊娃在前言中跟莎莉解釋的，要讓新的舉止成為難以抹滅的肌肉記憶，這點很重要。最終，妳會希望在日常生活情境中練習這些訊號。很重要的是，如果沒有立竿見影的效果，也不要氣餒，要提醒自己：「這不過是練習罷了！」正面的結果終究會出現的。

　　本書特色之一，就是有個欄目，額外提供了科學研究所得到的關於性愛魅力的資訊，也提供有用的想法來改善妳呈現出來的形象。這些欄目更詳細介紹了某些主題，比如微笑使人（包括微笑的人）開心的原因、穿戴珠寶的訣竅、碰觸有機會發展為情人的人的方法與時機。

　　雖然作者在故事裡面是以漫畫的形式出現，我們在此自我介紹一下，讓妳知道我們的來歷。伊娃馬哥利思擁有

傳播和社會學的碩士學位，是領有證照的性愛治療師，在紐約開辦性愛復原中心，也是成功無限這家諮詢公司的總裁，她之前寫過六本書。史坦瓊斯博士是科羅拉多大學博爾德分校傳播學的退休教授，他是享譽國際的肢體語言權威，著有超過二十五篇的學術著作、專題著作和文章。

我們喜歡當教練，真的很有趣！我們有信心妳會喜歡閱讀本書並樂於練習其中的技巧。在這過程中我們將會陪伴著妳，不會缺席。

性感訊號的祕密

　　是報恩的時候了。在我剛開始從事性愛諮商和性感魅力教練工作的時候，有位見多識廣的朋友花了很多時間教我上電視應該注意的事情，比如穿衣的風格和顏色、讓自己上相的化妝技巧、讓捲髮看起來平順的技巧等等。她沒跟我收費，但我們同意之後我會用某種方式來報答她的恩情。有一次她打電話給我談到她的朋友，我就知道報恩的完美時機來到了。

　　「我的朋友莎莉真的需要妳的幫忙。」凱蒂跟我說：「她男友六個月前跟她分手，所以她的自尊心低落到不行。老實說，雖然她很漂亮，但她很難吸引住男人。」

　　「我當然會幫忙。」我很快就答應伸出援手。

　　「我知道妳會。」她說道：「但當我告訴她，妳和史坦巡迴全國各地舉辦進行的性感魅力訓練時，她變得很侷促不安。所以我想與其讓她初次就到妳的辦公室造訪，不如妳們喝一杯咖啡聊聊，在比較放鬆的氣氛下跟她解釋一番。」

　　「我會竭盡所能幫她。」我告訴她。

第二天，莎莉和我在我辦公室附近的路邊咖啡店見面。她完全符合我朋友的描述，身材高鮕、腿極長、漂亮，但一點都不性感。她無力地跟我握手，帶著懷疑的眼神看著我（圖1）。

　　我故意讓自己的姿勢表現出較爲性感的樣子，跟侍者示意，他很快就走了過來。

　　「可以麻煩拿菜單給我們看嗎？」我問道，眼神斜著看侍者，頭也稍微傾斜著。侍者看著我，然後又看向莎莉，接著又看著我並微笑著。莎莉明白了。

　　「好吧，妳是怎麼辦到的？」莎莉問我。

　　「我很快就會跟妳解釋。妳要不要先跟我談談妳自己呢？」我這樣告訴她。

　　莎莉嘆了口氣。「我知道自己很漂亮，比我認識的很多女人都還漂亮。有趣的是，我有些較缺乏魅力的朋友從男人那裡得到的關注都比我還多。她們的工作也比較成功。事實上，一般來說她們得到的正面反應也比較多。」

　　「那妳覺得問題出在哪裡呢？」我問道。

　　「我不知道，這應該就是我今天出現在這裡的原因。」

　　我微笑，「如果妳想知道原因，我就來跟妳說個分明。」

圖1　不性感的莎莉跟性感魅力教練伊娃見面。

「好啊！」莎莉也報以微笑。

「關鍵在於性感魅力！」我這樣說。

「喔不！」她看起來沮喪極了，「這是天生的特質，有些人有，有些人缺乏！看來我是無法吸引到男人了。」

「妳當然可以啊！」我笑著說：「性感魅力是可以經由訓練和練習而學來的。我同事史坦瓊斯博士和我使用了一些特殊技巧，可以讓沒有什麼性感魅力的人轉變成很有魅力的人，這些技巧也可以讓本來就很性感的人增添更多性感魅力。」

「妳說的技巧是說穿著露肚臍或是露大腿的衣服嗎？」莎莉問。

「不是啊，除非妳想要的只是勾引男人上床。」

「或者是開著拉風的跑車到處跑？」

「不是。」

「那整型手術呢？」

「不是！人們採取諸如手術等激烈的方法來讓自己的身體更有吸引力。但如果先提高性感魅力就能省掉很多金錢和痛苦，因為性感魅力和身體的吸引力有所不同。承認吧，妳比很多女人都來得漂亮，但根據研究這主題的社會科學家的發現，決定男人接近妳的頻率，在於妳使用並傳達出的性感魅力的頻率。所以長相漂亮的人可能一開始會

吸引他人目光，但隨著派對的進行，她們就不是受到最多追求的人了。」

「我不明白。妳是說性感魅力和外貌一點關係都沒有嗎？」莎莉問道。

「很有關係，但跟妳想的不一樣。性感魅力跟男女的坐姿、站姿、走路方式、穿著方式、手勢、聲音、臉部表情的關係更為密切，而和肉體本身的美感關係較少。」

「所以性感魅力指的就是身體語言？」

「是的，但性感魅力的關鍵在於，學會有效率地使用一種很特殊的身體語言。」

有一個機車騎士經過，在我們坐著聊天那個角落附近的紅綠燈停了下來。有一位金髮美女正穿越馬路，騎士匆匆看了她一眼，吹了口哨，舔了舔嘴唇。莎莉不以為然翻了白眼。

「看來如果沒有性感魅力，或許也是件好事。」莎莉一方面忌妒金髮美女受到的專注，一方面又因為那男人的眼神沒往她身上瞧而鬆了口氣。

「性感魅力不是妳所擁有或是沒有的東西。」我解釋：「那是妳可以打開或是關上的東西，也能說是可以開大一點或關小一點的東西，視妳身處的情境而定。如果妳走在路上，不希望受到注意，那妳就會想把性感魅力給關

掉；工作的時候，如果關小一點會比較謹慎。知道如何使用性感魅力對生活中的許多方面都很有助益，能正確使用的人就比不懂使用的人還擁有更大的優勢。」

餐盤收走之後，我們繼續聊，聊了很久。莎莉依然不太確定，跟很多人一樣，她難以相信性感魅力可以延伸到臥房之外。但事實上，性感魅力對長久關係來說很重要（讓火花持續），對工作也很重要（有性感魅力的人看起來比較有自信也比較有能力），對同性之間的友誼也很重要（性感魅力可以產生月暈效應，有自信又友善的人也比較好相處）。

我用這些論點來說服莎莉，但我們依然得處理最主要的議題。畢竟莎莉就是為了解決這問題而來的。

她說：「好，我知道性感魅力很有用，但如果那和外表不是同一回事，到底指的是什麼呢？」

「很多女人不知道性感魅力是什麼，是因為那不是一種東西，而是整體的形象。」

「是什麼樣的形象呢？」

「從人類在地球上出現開始，有某些特質的女人比較容易找到伴侶並把她們的基因傳給下一代。男人尋找對自己的吸引力有自信並受到他人注意的女人，也尋找能跟其他女人自在來往的女人，這樣子男人出去打獵的時候這些

女人就不會覺得寂寞而尋求其他男人的慰藉。他們也想要散發出楚楚可憐氣息的女人，來讓自己覺得強而有力，也想要和藹可親並能提供支持的女人，來扮演好母親和伴侶的角色。當然了，他們也希望女人對性愛有興趣，這樣才有交配的機會。」

「妳是說男人仍然跟穴居人一樣行事嗎？」莎莉問道，表現出明顯的惱怒。

「我懂妳的意思。」我告訴她：「在我們這個時代，如果說驅動性愛魅力依然是繁衍後代，聽起來的確有點怪。根據研究人類行為背後的生理因素的專家的說法，即便現在，各種文化背景的男人依然尋求具有可繁衍特徵的女人，雖然他們的動機大部分都隱藏在潛意識中。」

「對我來說，這就是女權運動的倒退啊！」莎莉這樣說道。

「我完全能理解，史坦和我指導的許多女性剛開始的反應也是一樣，但對女權的伸張和保持女性特質其實是可以並存不悖的，兩者的結合會非常有力量。記得我剛剛才跟妳說過性感魅力對工作很有幫助嗎？這是真的。較有女人味的女人在工作上的表現會好過較少女人味的女人，這並不是說女人需要表現出楚楚可憐或者性感才能有效率工作，但只要不過量，適度的迷人身體語言並不會造成傷

害。女人有一些特別的特質，比如提供支持和和藹可親，都有助於她們工作順利。」

　　莎莉態度有點軟化，接著就問了個關鍵問題。「假設我想要跟那種妳說的很有魅力的形象和平共存，那我到底應該做些什麼事情來把那種形象給投射出來呢？」

　　「答案就在於學會有效地使用所謂的女人性感訊號，這是種特殊的身體語言，可以傳達出讓男人覺得很有吸引力的一些特質。每位女人都會坐、會走、會看著他人、會偶爾微笑、也會觸碰自己，但重點是女人，做這些動作的時候要能傳達出自己的女人味。有其他方法可以讓女人看起來富有魅力，但如果不知道如何適當使用性感訊號，那就無法變得性感。」

　　「妳是說我不必表現出一副傻妞的樣子就能吸引到男人，但我需要好好使用性感訊號來傳遞出讓男人受到吸引的特質嗎？」莎莉問我，她覺得舒坦多了。

　　「沒錯！而且每個人都可以經由練習來學會這些性感訊號。如果妳給我一個禮拜的時間，我就能教給妳幾乎妳所需要的一切。」

　　莎莉看起來有點懷疑，她說：「這聽起來幾乎像是奇蹟啊！」

　　「一點也不。」我跟她保證：「事實上，妳會在日常

女人性感訊號對男人的影響

　　心理學家莫妮卡摩爾於1985年曾發表一篇研究在《人種學與社會生物學》期刊上,研究發現不管在什麼情況下,展現出較多的女人性感訊號的女人,會從男人那收到較多的感興趣徵兆,形式可能為攀談,或是攀談過後,男人顯示出受到吸引的訊號(往前靠近、碰觸等等)。每小時展現出超過三十五次性感訊號的女人,受到他人攀談或是接收到他人表示興趣的訊號次數,每小時高過四次;而使用十次或不到十次的性感訊號的女人,平均兩小時只有一次被人接觸的機會。

　　除了微笑之外,最有效的女性訊號包括:

- ❤ **看著男人然後把視線移開,或者凝視著他幾秒鐘**:每小時平均有9.68次的接近或感興趣徵兆。

- ❤ **隨著音樂而獨自舞動**:每小時有7.23次的接近／徵兆。

- ❤ **揚著頭用手指梳過秀髮**:每小時有6.89次的接近／徵兆。

- ❤ **舔嘴唇,或者用緩慢、性感的方式來觸摸自己的頭髮、衣服或其他東西**:每小時有4.4次的接近／徵兆。

動作中使用性感訊號：坐著、站著、走路、手勢、臉部表情、穿衣。所以妳該做的就是練習妳經常做的動作，但用的是較具性感魅力的方法。」

　　我接著說：「我跟妳說吧，眼見為憑。明天來我辦公室，我會跟妳上第一堂課，妳就能親身體會這有多麼簡單。」

　　「好，我會赴約。」莎莉回答：「我今晚有個盲目約會，我來看看會發生什麼事情。」

Lesson 1

性感的坐法。

用雙腿傳達出性感魅力是有祕訣的；

雙腿占用小部分的空間，

同時讓雙腿突出的話，

就能變得性感。

莎莉坐在我辦公室的接待區，看起來又興奮又緊張。評估顧客現有的性感魅力並想像訓練課程結束以後她能擁有的性感魅力，總是頗為有趣。我向莎莉走去的時候，馬上發現有很多改善空間有待我們努力，等我們努力之後，她會變得非常性感。

　　「嗨！」我微笑著跟她打招呼，並指著我的辦公室，「妳要不要先去我辦公室，不要覺得拘束？我等等就跟妳會合。」莎莉不知道我打算觀察她走路的樣子，她也不知道辦公室的攝影機正在錄影。

　　我進辦公室時，發現莎莉坐在我又大又有軟墊的長沙發上，她的坐姿正是缺乏性感魅力的女人會採取的姿勢：肩膀無力下垂、雙腿在膝蓋處靠攏，膝蓋幾乎外翻、雙腳向兩側伸展，那景象看起來一點也不性感（圖2）。

　　「妳昨晚的約會順利嗎？」我問道，我坐在她面前，沒有讓攝影機照到我。

　　「我覺得進行得不錯，我們似乎聊得滿愉快的，也有不錯的眼神接觸，所以我以為他對我有興趣。」莎莉嘆了口氣，「那晚快結束的時候，他說我是個不錯的人，但他並沒感受到任何化學反應。要怎樣搞清楚男人是不是對我有興趣，我真的束手無策，至於我到底哪裡做錯了，我更是毫無頭緒。」

　　「也許妳看了這段影片之後就可以理出頭緒了。」我起身走到角落處，把隱藏在幾株大盆栽後的攝影機給關

掉。「我剛才一直把妳的動作都錄了下來。」我告訴她。

莎莉嚇壞了。

「知道自己哪裡做錯最好的方法之一，就是知道別人是怎麼看妳的。」我繼續說道：「我們來看看吧！」

我等了好幾分鐘，讓莎莉從看到她自己的震驚中恢復過來，這種反應幾乎是所有人初次看到自己上鏡頭時都會有的。

「妳注意到了什麼？」我終於這樣問她。

「嗯，我的頭髮一團亂……我看起來很臃腫……」她很有自覺地說：「我不知道學習增加性感魅力意味著要被錄影下來。」她說這些話的同時，對我投射出緊張又猜忌的眼神。

「幾乎所有人初次看到自己都會有相同的反應。」我跟她保證：「妳看了幾分鐘以後就會自在許多，妳再看一遍，跟我說說妳還看到了什麼？我尤其希望妳能特別注意自己的身體語言。」

她努力看了螢幕上的畫面，「我看起來缺乏自信。」她最後說道。

「妳這樣說的原因是什麼？」

「我無精打采坐著，看起來就好像我根本沒有胸部一樣。」

「或者該說妳的胸部讓妳感到羞愧。」我補充道：「妳說的沒錯！妳對自己沒有信心，對外表也缺乏自

圖2　莎莉無精打采的姿勢完全洩漏出她的缺乏自信。

信，而這種自信對傳遞出自己的性感魅力是非常重要的特質。」

她看起來有點受到冒犯了，但也充滿好奇地聽我說。

「我希望妳看著螢幕中的自己時可以這樣試試看，妳在家裡看著鏡子的時候也可以試試看，妳坐著的時候應該挺著腰桿，肩膀向後，用妳的橫隔膜呼吸，因爲橫隔膜充滿空氣的時候就很難無精打采坐著。我會讓攝影機繼續開著，這樣妳就能在螢幕中看到自己。」

莎莉將自己肩膀往後移動，直挺著身子，頗爲僵硬，看起來就像是死板的士兵一樣。

「放鬆一點。」我告訴她。

莎莉讓身體沒那麼緊張。她看著螢幕，注意到自己的樣子好多了。

「很好，現在把下巴抬高，就好像妳高高抬頭一樣。」

莎莉試著做，但幾秒鐘之後，她又開始垂頭喪氣了。「事實上，我眞的沒那麼有自信。」她輕聲說著。

「我知道，很多女人都有同樣的感覺。」我告訴她：「這就是學習增加性感魅力方法的美妙之處，妳不必覺得有自信就能練習讓自己看起來有自信。這就是妳需要做的：練習、練習、還是練習。一段時間之後，這些新的方法就會深入妳的肌肉裡，變得自然許多，這就叫做肌肉記憶。最棒的部分，就是只要能進入妳的肌肉裡，不但妳可

他感興趣，還是不感興趣？

性感魅力跟性感訊號的展示有關，但是跟妳的智力也有關係。如果妳能辨認出代表情愛興趣的特殊訊號，那妳就知道妳約會的對象對妳感興趣、對你興趣缺缺，或者感到受挫，因為妳沒顯露出他需要的訊號，沒能增加他進一步追求妳的信心。

以看起來比較有自信，妳也能覺得更有自信。」

「所以妳是說如果能改變使用身體的方法，就能改變自己的感覺囉？」

「一點也沒錯！」

在幾分鐘的練習和自我觀察之後，莎莉發現採取較為自信的坐姿會比較輕鬆。她又看了自己，這次是透過附近的鏡子。（圖3）

「看起來很好。」我告訴她：「現在我們來看看雙腿要怎麼擺放。」

「我的腿有什麼差錯嗎？」莎莉問道。她一腳放在地板上，另外一腳的腳踝放在膝蓋處。

當妳這樣做時，可以想想……

呼吸的時候，讓橫隔膜充分伸展，這樣妳就不可能彎腰駝背。

用妳的雙眼來掠取妳周遭的世界，這樣做能幫助妳提高下巴。

回想妳做過讓妳很驕傲的事情，這樣妳的儀態就會自動反應出

妳的想法。

「沒有，如果妳只是希望自己看起來很專業的話。但妳或許注意到了，男人坐姿跟妳現在很類似，妳看起來真的不是很性感。」

莎莉皺起眉頭，她開始覺得自己對她身體的所作所為沒有一樣是正確的。「妳是說我的坐姿是很有男人味的方式嗎？因為我看過很多女人也是這樣坐。」她有點防衛地問道。

「不是，那樣的坐法沒有男人味，但同樣也沒有女人味，應該說是比較偏向中性的坐法吧！用妳的雙腿傳達出性感魅力是有祕訣的。」我放低音量說道。「如果雙腿占用很多空間就不會性感；但如果雙腿占用小部分的空間，

圖3　莎莉開始改變自己，挺直身體坐著，突然間看起來就有自信
　　　許多。

同時讓雙腿突出的話，就能變得性感。我要妳試試看這種
方法。」

　　我要求莎莉調整自己的姿勢，坐著的時候身體往前
傾，把手肘放在膝蓋上，雙腿往外打開。「如果妳這樣子
坐，感覺如何呢？」

　　莎莉笑了，「這樣看起來就像男人一樣，除非我跟妳一樣穿上裙子，但如此一來，我看起來就像是……」我們都笑了起來。

　　「沒錯，所以我要妳試試看其他的坐姿。妳試試坐著的時候兩隻腿放在長沙發椅上面，讓兩隻腿占用的空間比你盤腿坐占用的空間還少。」（圖4）

　　莎莉把兩隻腿拉到長沙發椅上，壓在身體下面。透過螢幕上的影像，她可以感覺到自己看起來害羞了些。

　　「很好！」我跟她說，一如往常，只要有人在我面前有了改變就讓我很興奮。「如果妳把下面那隻腳的腳踝放

圖4　莎莉學習用雙腿傳達性感魅力的第一條規則：不要占用太多
　　　空間，加強身體曲線。

在另外一隻腳踝下方，就像蝴蝶餅乾一樣，那就更好了。這樣一來，妳占用的空間就更少了，也會讓腳踝顯露出來。」

莎莉照我的指示試了，明白了我的意思。

「現在想像一下沒有長沙發只有椅子，試著用妳的雙腿占用更少的空間。首先試著雙腿不要交叉。」

莎莉挺直坐著，膝蓋併攏，雙腿平放在地板上。

「再試一次。」我微笑著，「妳看起來就像是老氣女教師一樣。我給妳個暗示：妳可以讓雙腿的角度有所不同。」

莎莉突然起身，「這套女性化的坐姿是不是太過火啦？」她問道，聽起來有點惱怒，看起來也不太高興。「說真的，我寧願吸引不到男人，也不要因為男人是受到我搔首弄姿的樣子而受到吸引。」

「妳可以自己評判看看。」我冷靜說道，畢竟之前也聽過類似的抗議，「妳可以把雙腿向左邊輕輕移動，右腳鉤住腳踝處。」（圖5）

莎莉再度坐下，心不甘情不願地照我的提示坐。

「好了，妳看一下螢幕。」我告訴她：「妳覺得自己看起來怎樣？」

「這看起來的確有吸引力多了。」她承認。

「真的，而且看起來一點也不彆扭。剛開始妳可能覺得自己看起來有點傻或者太過誇張，因為這些行為對妳來

說還很新。我跟妳保證，妳看自己的時候，看到的依然是自己，但卻是更棒的自己，更有自信也更性感。現在我要妳試著在雙腿交叉的時候占用更少的空間。」

莎莉把右腿放在左腿上，手臂舒服地放在大腿上。

「很好！」我贊同地說道：「但如果妳把放在上面的膝蓋往前移，擺在下面的膝蓋面前，那就更性感了，這會讓妳露出更多的腿。」

莎莉看著我的示範，把自己的膝蓋往前移，看著螢幕中的自己。「妳這樣子坐比較性感，因為妳穿裙子。」她做出評論。

「妳說得沒錯！」我承認：「如果妳要增加自己的性感魅力，最好穿上裙子或是套裝，這樣就能讓自己的雙腿更突出。但就算妳穿長褲，如果妳占用的空間較少，然後盡可能展現出妳的腿和腳踝，那也會更性感。」

「如果妳真的想要看起來更女性化，那就把手指放在膝蓋上而不要放在大腿上面。」我補充道（圖6）。

莎莉稍微往前傾，把雙手放在膝蓋上。她看著螢幕中的自己，她看起來身形變小，卻頗具誘惑力，更有女人味也更性感，她也開始覺得自己更加性感了。

「妳是個好學生！」我拍手叫好，「還有最後一件事情可以做，針對那些喜歡細緻類型的男人來說會特別性感。把上面的腿跟下面的腿扭結在一起，就像這樣。」

莎莉看著我把她位於上面的小腿繞著下面的小腿

圖5　莎莉改變姿勢，雙腿滑向一側，一腳鉤住另外一腳的腳踝。

後，讓她的腳跟下面的腳踝鉤靠在一起。「妳是在開玩
笑吧！」莎莉說道。最後，她終於把身體擺弄成正確的姿
勢，但她覺得不是很舒服。

圖6　莎莉把彎曲的膝蓋放在另外一腳膝蓋上，手指交握放在前方
　　　來加強她的性感魅力。

　　「有些女人無法做這個動作，這不是很重要的動作，
但卻是另一個呈現自己的可能方法。記得，很多動作一開
始可能有點不舒服或不自然。」我鼓勵著她，「所以不要

擔心，只要妳繼續練習，就會自然許多。妳可以發展出讓妳覺得比較舒服也比較適合妳的一些肢體語言。」

「好，還有最後一樣事情妳必須學會的，可以讓妳坐著的時候看起來很性感，那就是妳一開始坐上椅子採取的動作。」

「妳是說我根本不知道該怎麼坐下嗎？」莎莉問道，又開始緊張了。

「妳當然知道怎麼坐，但卻不知道該怎麼性感地坐下來。妳可以先站起來，再坐到那張椅子上去。」

莎莉照我的指示做，在我放錄影帶的時候看著影片。

「看起來我的確是在坐下啊！」她帶著疑惑地說著。

「這就是重點。妳不該只是想要坐下，而應該優雅緩慢地移到沙發或椅子上。坐下的時候，要記得讓臀部處的衣服保持平整。」

「我不懂妳說的優雅緩慢是什麼意思？」

「男人坐下的動作，比如在餐廳入座時，他們可能會把椅子給拉出來一點，然後站到一旁去，再正對著椅子上方坐下來。但女人如果要看起來比較有吸引力的話，尤其是當男人幫妳把椅子拉開時，但就算他沒幫妳拉椅子，妳也可以從一旁將身體滑向座位，接著再把雙腿就定位。妳試試看吧！」（圖7）

莎莉再度坐下，這次用臀部來引領自己的動作。「我想我懂了。」她說道：「這幾乎就像是我先在座位上面滑

過，然後我體重的其他部位才跟著下來。我也注意到我的確可以讓我的雙腿往我向座位的方向傾斜，那是之前我們練習過的那個坐姿。」

「這觀點不錯。」我說道：「這樣一來，妳就能更強調自己的身體曲線了。」

「我們複習一下妳今天學到的東西，這樣我們下次見面之前妳就能自己練習了。」我告訴她，試著要讓她把今天所學的變成肌肉記憶。「我們複習的時候妳看著螢幕，這樣能幫助妳記憶。在家裡，妳練習的時候可以看著鏡子。首先，妳起身，然後優雅緩慢地入座，同時也讓臀部下方的衣物保持平整。」

莎莉排練這個讓她看起來嫻靜的新動作時咯咯地笑了起來。

「如果妳想要看起來較有自信，那就挺直身子，肩膀放鬆。」

莎莉一面看著螢幕，一面調整自己的動作。

「如果想看起來較有魅力，那妳雙腿占用的空間就得少一些。把雙腿放在妳的前面，一腳鉤住另外一腳的腳踝，這樣可以讓別人注意到妳的腳踝。」

莎莉照著我的建議做。

「現在雙腿交叉，讓上面那隻腿往前一點，好讓上面的膝蓋正好覆蓋住下面的膝蓋，腳趾稍微往前點，這樣子可以讓妳的腿看起來比較長也得到更多的關注。」

圖7　坐下的動作是個展示更多曲線的良好時機。

　　莎莉翹起了腿，把上方的腿往前移。

　　「妳也可以把雙手圍繞在膝蓋旁，這樣可以讓別人注意到妳的手和腿。」

　　莎莉很快調整了自己的動作，「我覺得自己開始掌握住訣竅了！」她說道。

　　「妳看吧！妳愈練習就愈簡單。」我笑著對她說：「今天的課程結束了，要記得練習！明天我們會努力讓站姿和走路姿勢更迷人。所以麻煩妳穿裙子或是洋裝，也記得帶一雙高跟鞋過來。」

隔天我在接待室跟莎莉會面，就跟大多數剛結束第一堂訓練課程的女人一樣，她已經看起來更有魅力了。她坐得比較直挺，她的頭提高，肩膀往後，看起來較有親和力也較有自信，雙腿往側邊移動增添了不錯的性感成分。只要接受少量的訓練，就能讓女人對自己和身體形象的投射起了深刻的變化，這每每讓我驚訝、愉悅不已。

　　稱讚完莎莉之後，我描述了今天預計進行的訓練課程。「今天我們要努力學會讓站著或走路的時候也散發出性感魅力，有好的消息也有壞的消息。好的消息就是只要妳學會這些要訣，妳給人的印象就會明顯地更加有魅力，妳會看起來很不一樣。但壞消息是今天對妳來說可能是最長也最困難的一天，那是因為學會富有魅力地走路不但很花時間，而且妳學習的過程中可能會覺得自己很笨拙。」

　　「我已經很沮喪了，畢竟我覺得自己在性感魅力這一塊完全掛零。我從前以為坐著或站著都是輕而易舉就可以做到的動作，現在卻必須特別注意。」莎莉嘆了口氣，「我昨天離開之後，在路上花了點時間觀察女人走路，我必須承認有些女人走動的方式的確性感許多。」

　　「不然為什麼有那麼多歌曲談論走路的風采？比如披頭四的『某些事』或是比利喬的『她真有一套』。很多女人對性愛和性感的態度，有很大部分呈現在她走路的樣子上。」

　　「好，我願意，不過我有些擔心。」

讀心術的誤用

女人可能認為男人正在想：

「她一定是妓女。」

「這個婊子為什麼要這樣炫耀自己？」

舉例說明男人心裡實際想的，或是男性友人在場時會說的話：

幽默：「盡情搖擺吧，甜心，但不要搖壞了！」

讚嘆：「這臀部太可口了吧！」

欣賞：「小姐，妳讓我快樂極了！」

欽羨：如果她跟男人在一起，「真是幸運的男人啊！」

「請說。」

「我走在路上的時候，可不希望每個男人都回頭望著我，這是我擔心的，畢竟有些走路性感的女人走在路上就會得到這種反應。」

「我了解妳的意思，但妳以為男人心裡所想的，卻不一定是他們真正所想的。」我告訴她：「沒錯，在有些情

況下，比如走在路上或者工作的時候，妳不會想用能引起妳喜歡的男人的注意的方式來站著或是走路。除了學會給人更性感的印象外，妳也可以學會如何把性感程度給增強或減弱。我們先從基本的迷人站姿開始學起，也學習在幾乎包括工作的各種場合都適用的走路方式，用愈來愈多的技巧來學會更進階的動作。所以妳有多性感或者妳能吸引到多少目光，大部分主控權都在妳身上。」

「妳是說我能控制自己能有多少誘人魅力嗎？」莎莉問我。

「一點也沒錯，妳等一下就會更清楚的認識。我們先來複習男人覺得魅力女人具有哪些特質，我們也會努力教導妳傳遞出性感訊號的方法。」

「跟昨天妳測試我的時候相比，我現在更有準備了。」莎莉笑道：「首先，男人尋找的是對自己外貌有自信的女人。我也想要看起來較能提供支持、較有親和力、對性愛感興趣、稍微楚楚可憐好激發出男人的安全本能，雖然我不知道在我站著或走路的時候要怎麼同時傳遞出這些特質。」

「這沒妳想像中的困難。跟坐著一樣，對女人來說，散發出性感魅力的站姿和走姿，跟男人的姿勢剛好相反。男人坐著或是走路的時候，希望能占用很大的空間，看起來會比較強壯有力。至於女人，妳應該占用較小的空間，但同時不失自信，並且該強調妳身體的曲線。」

　　我要求莎莉要把這點謹記在心，也要記得男人覺得性感誘人的女人會有的特徵。我也要求她站起來面對我，就像兩個人在路上相遇，隨意交談一樣。

　　莎莉直立站著，一隻腳比另一隻稍微向前，手臂下垂，雙手在身體前方輕握，遮住骨盆區。

　　「好了，妳看看螢幕中的自己，我們來評估一下妳表現如何。」

　　「我占用的空間不多，而且我的姿勢也不差。」莎莉說道。

　　「沒錯，但妳覺得自己看起來有自信嗎？」

　　「嗯，不盡然。我仍然有點無精打采。」

　　「妳看起來有親和力嗎？」

　　莎莉沉思了一下子，給人可親近的印象對她來說是很重要的。「我看起來不容易親近。」她有點防衛地說道：「但我的手也沒交叉放在胸前啊！」

　　「沒錯！」我跟她說：「但妳的雙手放在身體前面，看起來不夠放得開，更不用說妳把生殖器區域給遮住了。」

　　「這太心理學那套了吧！妳是說這顯示我潛意識的想法嗎？」她防衛地說。

　　「很難論定妳的動機為何？」我告訴她：「但對男人來說，妳看起來很像在遮遮掩掩的。」

　　「也許妳說得有理。」莎莉說：「我想人有時候會有

下意識的反應。」

「好，那我們繼續看，妳看起來會楚楚可憐嗎？」

「會啊，但不是很好的那種楚楚可憐。」她說。

「沒錯，妳看起來沒有安全感，這樣很沒有吸引力，跟自信與細緻這個有魅力的結合剛好相反。」

「我一點都沒散發出魅力。」她語氣沮喪地說道。

「是沒有，但要修正是非常簡單地。妳站著的時候把手放在身後，小小舉動就有大大的改變。」

「嗯！」莎莉觀察螢幕中的自己在臀部後方握著雙手的樣子，點頭表示同意。她馬上就注意到只要把手放在後方，站起來的樣子就比較高，胸部往前突出有種微妙的魅力。「這樣子看起來好看一百倍了。」她微笑說道。

「那是因為雙手放在後面，妳自然而然也站得比較直挺，微妙地讓一些大弧度的曲線凸顯出來。妳也可以藉由把臀部往前推出來增強效果，這叫做骨盆呈現，這動作讓基本的站姿增加了另一個向度。」（圖8）

莎莉把他的骨盆稍微往外推出，看了螢幕中的自己，「這讓我變得性感了些，但也讓我看起來比較楚楚可憐，我不太確定自己是不是真的喜歡這樣。」

「好，我們現在再回到基本的性感魅力站姿。我希望妳再做一件事：將妳雙腿打開，讓妳的重量平均分布在兩腳上面，然後把一隻腿放在另一隻腿前面，把前方的腿往前彎曲，腳朝外的方向和另外一隻不一樣。」

圖8　基本的性感站姿：雙腿打開，含蓄地強調胸部和骨盆。

莎莉調整了她的站姿，她問：「就像是芭蕾舞者的外開動作嗎？」

　　「沒錯。注意看看這對妳的重量分布有什麼影響？」

　　「我的重心移到後面那隻腿了。」

　　「沒錯。觀察一下這個站姿對妳左邊臀部會造成什麼影響。」

　　「我的臀部往外突出了一點。」莎莉說道，驚訝於微妙的改變就能造成大大的不同。

　　「這個動作叫做臀部呈現，因為這樣能強調妳臀部的曲線。」

　　「我這個站姿看起來挺好的。」莎莉贊同地說道。

　　「這就是我說的基本性感魅力站姿加強版：直立姿勢，一腳向前往外彎曲好讓臀部稍微向外突出，雙手放在背後。這讓妳看起來更好親近也對自己的魅力更有自信，這也讓妳看起來像個性感的女人，但卻不會太超過。這也是很有力的站姿，工作的時候也可以使用。」（圖9）

　　「我懂妳的意思。」莎莉說道。

　　「從這基本站姿出發，我們可以做一些加強，能讓妳看起來稍微楚楚可憐，也可以讓妳看起來性感些或是性感許多。當妳練習的時候，從基本站姿開始，然後試看看增添其他的動作。我們開始吧，妳再把腳往外彎曲，讓頭部稍微往臀部的方向抬高，這樣能展露出妳脖子的曲線，讓妳看起來有點楚楚可憐。」

女人看起來有點無助
為什麼對男人來說很重要？

人類學家海倫費雪在2004年出版的書《我們為何戀愛》指出，幾百萬年來男人一直保護並供養女人。她說有大量心理學的研究顯示，男人喜歡幫助女人，是因為男人傾向於解決問題，遺傳和環境對這樣的特質都有貢獻。

拯救女人會帶給男人什麼利益呢？首先，這會讓男人覺得強壯，有男子氣概，滿足他們睪固酮驅使的命運，給予者必須有個接受者好讓自己滿足。

第二點，也是更重要的一點，保護女人可以給男人對他慾求的女人有潛在的權力，包括「保護」她不受其他男人搶奪，這種關係在動物界到處可見。舉麋鹿為例：在交配的季節，最強壯的雄性維持了雌性後宮，因為牠是更好的保護者，不像其他的遜咖雄性可能沒有任何雌性為伴。

圖9　莎莉發現了看起來有自信又很性感的站姿，適合工作使用。

莎莉先把頭往臀部那側移動，然後再往前腳的方向偏移，她問：「我把頭偏向哪一邊有差別嗎？」

「妳可以兩個方向都試試看，自己觀察一下，再告訴我妳的想法。」

莎莉在螢幕面前試驗了一下子，她說：「如果我把頭往前腿的方向偏移，看起來不會甜美，反而讓人起疑心。」

「沒錯。」

「我真的很討厭要裝出楚楚可憐的樣子。」她說道。

「我知道，但我們現在只是在實驗，妳就試試看吧！對了，面帶微笑不會有傷害的。」

莎莉勉為其難把頭偏向一旁，擠出笑容來。

「妳覺得自己看起來怎樣？」

「並不會太過無助。」她承認，「我看起來甜美中帶點性感。」

「沒錯，妳的確看起來比較好親近了。記得，妳不需要看起來像是不會照料自己一樣好讓男人覺得妳有魅力。但讓男人幫助遇險的女人可以增加他的自信，記住這點不會有壞處。」

「好，我們來增添點變化吧。」我繼續說：「記得，讓妳的站姿增添性感魅力的方法，就是盡可能在各方面強調妳的曲線。開始先把妳的骨盆往前凸出來一點，把妳的左手放在臀部左邊來加強妳臀部的曲線。」

圖10　莎莉用手部位置來強調她的曲線。

　　莎莉調整了自己，右腳往前並朝外突出，手像扇子一樣放在左臀。

　　「還有最後一個變化。我們剛剛強調了脖子、臀部，也稍微強調了屁股，站姿的最後一個變化就是讓別人注意到妳的腿和腳踝。我要妳做的，就是把膝蓋盡量往上拉，這次就用妳的右膝好了，把右膝轉向左膝的方向，轉動妳的腳踝讓妳的腳踝顯露出來。工作的時候不要嘗試這個動

指點的力量

藉由逐格分析電影和錄影帶，非語言溝通前瞻學者阿爾伯特雪夫蘭有了有趣的發現。他發現人會經常使用雙手、頭部、眼睛，甚至腳或軀幹來朝向希望他人注意的事物，這比用食指來比還要含蓄許多。舉例來說，抬起下巴向著某個方向，就好像在說：「你看看那邊那東西！」在另一個情況下，女人跟動作太有調情意味的男人說話時，可能會偶爾移動頭部和雙眼往四周看，這訊息就是：「注意看看我們在哪裡，你這樣做在眼前這個社會情境下很不適當。」

作，因為這樣子看起來沒有腳踏實地，但如果妳對某人有興趣的話，這動作很能吸引到他。」（圖11）

莎莉把腳往上拉並讓腳踝朝外，我能感覺到她有點彆扭，但其實她看起來真的美極了，莎莉靦腆表示贊同。

「妳不覺得這樣太超過嗎？」她有點防衛地問道。

每當我的顧客覺得自己對身體做出來的動作太誇張的時候，我就會提出建議，我也對莎莉提出相同的建議：

「妳要盡可能客觀地看自己。如果妳看到某個女人的樣子跟妳在螢幕看到的自己一樣，妳自問一下會怎麼說呢？」

莎莉想了一會兒，說：「我會希望自己跟她一樣。」

「棒極了！這就是我們努力的目標。好的，我們快速來複習一下那個站姿，接著我們休息一下，我會跟著妳一起做動作。剛開始先使用基本站姿，姿態良好，一隻腿放在另外一隻腿的前方，腳往外翻，把手放在後面……現在把頭稍微抬高，把一隻手放在臀部上，拇指放在背後，骨盆稍微往前傾。」

「看起來很棒！」我鼓勵著她，「好，現在讓手的方向翻轉過來，把妳的拇指往屁股的方向擺，然後把手往下滑動貼在屁股上……最後，左膝往內轉，讓妳的腳踝暴露出來。」（圖12）

「做得很好，我們休息個十五分鐘。」我接著說：「提醒妳，妳走路的時候我會錄影，等妳回來的時候我們再來看看錄影。」

莎莉離開我的辦公室並走過長長的走道，我轉動了攝影機的位置來跟隨著她，好把她離開和回來的走路樣子給錄下來。她跟很多人走路的樣子一樣，也跟很多缺乏自信的女人一樣：頭部下垂、眼神閃躲、彎腰駝背、臀部前後移動而非左右移動。接下來的訓練課程對莎莉來說絕對是最有挑戰性的，事實上，對多數女人來說都是最困難的。

莎莉回來的時候似乎很興奮。她微笑說道：「我到咖

啡廳去，練習了基本站姿，有兩個很可愛的男人看著我，我想這真的有用！」

「我很高興妳對這課程更為自在了。」我告訴她：「好的，我們繼續上課。我們會努力學會自我呈現很重要的一部分，也就是走路。這是最有效的信號之一，因為如果姿勢正確，就能吸引到男人的興趣。我來放妳剛剛走路的錄影，希望妳告訴我妳的想法。」我把錄影帶打開。

「既然妳是專家，為什麼要一直問我的想法呢？」

「我希望妳可以習慣客觀觀察自己，這樣妳就可以更有效率練習所學，也可以自己發展出細微的動作變化。妳需要培養出敏感度，知道什麼是有魅力的、什麼不是、為什麼是、又為什麼不是？」

「好。」莎莉邊說邊觀察自己，「我來試看看。」我倒帶後又播放了錄影帶讓她看。

「走路的樣子一點都不性感。」她語氣不帶責備地說。莎莉開始進入了觀察者模式，讓她能以批判性的角度來看事情，而不會覺得羞愧或難堪，這是訓練過程中很重要的突破。

「我無精打采的，看起來我對自己的魅力毫無自信。」她說：「我的頭往前傾，看起來一點也不好親近，我走路的樣子一點也不女性化也不性感。讓人驚訝的是我覺得自己看起來很楚楚可憐，但卻不是好的那種楚楚可憐。我是說，我看起來很不警覺，一副容易上當的樣子，

圖11 莎莉彎曲腳踝，手成扇狀放在臀部上，來增加性感熱度。

圖12　莎莉靦腆地把膝蓋往內移動，展現出她腳踝的曲線。

當妳這樣做時，可以想想……

當妳看著鏡子，評估自己看起來多迷人的時候，要記得提醒自己傳達出性感魅力的一些要素。妳看起來有自信嗎？有親和力嗎？會伸出援手嗎？對性愛有興趣嗎？有點楚楚可憐嗎？

對這些問題任一題的回答如果是「不」，就能馬上給妳線索，讓妳知道該從哪裡改善自己的舉止。

如果這說得過去的話。」

「妳觀察很敏銳。很多女人認為在諸如城市之類的地方，避免遇到問題最好的方法就是消失。妳如果以現在的走法走在路上，是不會吸引到男人的注意沒錯，但妳看起來就很容易上當，可能有強盜對妳不利，因為妳看起來缺乏警戒。所以就算妳不想要讓自己受到注意，妳也應該表現出自信的樣子，這很重要。」

「妳是說挺直身子站著，頭部抬高，是吧？」

「正是。妳何不站起來，我們好開始訓練課程呢？妳

沿著走道走，但這次要記得讓自己的頭和下巴抬高。妳眼神應該直望前方，好讓妳看起來就像是知道自己的目的地一樣。」

莎莉試著走看看，發現還滿容易的。

「在城市的路上走著，這種走路方式很有用，因為我看起來比較有力也比較有自信，不會太過挑釁。」

「沒錯，但妳覺得這種走法可以讓妳看起來具有性感魅力嗎？」

「不盡然。」莎莉承認。

「我們來試試看。」我告訴她：「妳可以把走道想像成吧台，妳正從一列男人旁走過，有些人站著，有些人坐著，但他們的姿勢都剛好讓他們如果想要看妳的話就可以看著妳。」

莎莉看起來焦躁不安，「在那種情境下我很害羞，會希望趕快結束一切，愈快愈好。」

「妳試試看吧！」我催促她。

莎莉通過了走道，用破記錄的時間經過了想像中的吧台，她的頭部向下，沒有特別的臀部搖晃動作。「妳看，這是我的做法。我知道自己的姿態應該更好，但這種情況下我覺得好像在自我誇耀，就像暗示別人來把我一樣。」

「一點也不。妳只是要表現出自己有自信，對自己的魅力充滿信心而且不害怕罷了。」

「我從來沒這樣想過。」

「我們努力看看。社會學家莫妮卡摩爾把這姿勢稱作『遊行走姿』，這是妳基本的有魅力走姿。這牽涉到良好的姿態、下巴向上、合著嘴帶著一抹了然於胸的微笑，這會讓妳看起來有點神祕。」

「就好像是前一晚我享受了很棒的性愛，但我卻閉口不談一樣。」莎莉馬上就心神體會了。

「一點也沒錯。好，我要妳用這種走姿來經過想像中的吧台好幾次。記得，站直、頭抬高、嘴巴閉著微笑。」

莎莉看螢幕中的自己走路的樣子。她可以看到效果，走路本身並不難，但她依然覺得非常的不自在。

「那應該不會太糟糕吧？」我問。

「走姿不難，但只要想像男人看著我或是盯著我胸部瞧，我就很緊張。我覺得如果這樣子走路，就好像是邀請所有的男人過來釣我一樣。」

「妳錯了！」我告訴她：「只要妳的目光朝前，妳看起來就不會太過於好親近，除非妳已經挑選好妳感興趣的男人，而他也正看著妳的臉，這樣妳就能快速瞄他一眼，然後繼續走。妳走路不太性感的另一個理由，就是妳的臀部幾乎沒有動作。」

「我知道。我走在路上發現多數走路性感的女人都會這麼做，她們走路的時候會搖擺著臀部。」

「沒錯。對女人來說，性感的走姿最重要的特徵就是搖擺臀部──臀部不搖擺，性感魅力說掰掰。搖擺妳的臀

部可以讓人注意妳臀部和屁股，順便一提，屁股那塊區域是舉世公認的性慾象徵。」

「讓我們從基本走姿最簡單的變化開始，這會讓臀部搖擺，這動作稱為伸展台走姿（圖13），模特兒展示衣服的時候會使用它。當妳走路的時候，我要妳把一隻腳放在另外一隻腳前面，就好像有條直線讓妳追隨一樣；還有，下巴要比平常還稍微抬高。」

莎莉試了這種走法好幾次，觀察螢幕中的影像。

「我看起來幾乎有點淘氣。」她做出評論。

「沒錯。妳可以往兩旁望來望去，鼻子在空中移動，觀察看看有誰在看妳，並且隨意仰頭，好加強淘氣的印象。對了，可以把書放在頭上來練習伸展台走姿，這效果不錯，就像是禮儀學校的那種老派訓練法一樣，這會讓妳的軀幹和頭部挺直。」

莎莉又試了一次，並把我描述的動作給添加進去。

「我真的覺得自己引起了他人的注意。」

「妳是啊！伸展台走姿真的是吸引人往自己身上看的走姿，這跟試著釣我的走姿不同。伸展台走姿的目的是要讓人注意自己的全部身體，臀部、胸部、雙腿，甚至是骨盆——如果妳將骨盆稍微往前突出的話，這絕對會傳遞出對魅力感到自信的訊息。但這也有其他功效……我們來看看從妳後方拍攝的錄影帶，妳的臀部的確在搖擺。」

「我剛剛自己都沒意識到這點。」

吸引力的雙刃劍：展示和神祕

男人和女人都會高視闊步，來獲得求愛者的注意。在很多動物中，高視闊步來試圖獲取性愛利益是很常見的；但有趣的是，在多數物種中，雄性比雌性更容易高視闊步（孔雀是很明顯的例子）。在人類裡，女人有更多種不同的方法來高視闊步，在多數國家裡，女人比男人還更常使用珠寶、化妝品、色彩繽紛的衣服來加強外表。

為什麼呢？雖然人跟其他動物一樣，在求愛的時候都會有吸引注意的展現，研究顯示，男人比女人更容易受到視覺影像的刺激，這對性愛興趣和性愛激起特別適用；也就是說，女人必須在視覺上吸引男人的注意。此外，羅伯特瑞恩斯、莎拉海契曼、羅伯特羅森塔爾在非語言行為期刊（1990年冬季號）刊載的研究顯示，男人會以整個身體和臉孔來判定女人的吸引力，而女人則主要受到男人臉孔的吸引。所以高視闊步對想要吸引男人注意的女人來說就特別重要了。

然而，女人在某些地方也該有所節制好吸引男人；像了然於胸（嘴巴閉上）的微笑能創造出神祕的韻味。研究顯示，延遲報償的獲得可以刺激多巴胺的製造，這是大腦負責愉悅感覺的物質，而太早獲得報償則會減少愉悅的反應（可見海倫費雪，《我們為何戀愛》）。所以，演出欲擒故縱把戲的女人，會得到男人的注意，也會用一種正面的方式挑戰著男人，只要她們不要難搞到無法接近就好了。

　　「那是因為我讓妳先採取這種走姿。把一腳踩在另外一腳的前方會讓臀部輕微擺動，這也會讓妳的跨步距離較長，讓人注意到妳的雙腿。我現在要妳把骨盆稍微往前突出，走路的時候強調臀部的搖擺，這樣能讓效果增強。妳做動作的時候可以看鏡子，然後注意妳剛開始跨步出去的時候臀部會往外移動。」

　　莎莉看著螢幕試了試。當她往前、往後走動的時候，我跟她解釋動作發生的緣由，「妳注意看，就在妳剛開始把腳跨出去的當下，妳把重量轉移到前面那隻腿之前，臀部往外移動的那側，剛好就是妳跨步出去的那一側。」

　　「我只能稍微觀察到。」莎莉說。

　　「那是因為妳在螢幕上看到的是從前面的方向，但要記得常練習這樣的走法。」我說。

　　在這此時，我拍下莎莉練習的樣子。然後我請她停止，要她看一下螢幕。

　　「好，我走離攝影機的時候，我能更看清楚自己的動作。」莎莉說：「這真的感覺很怪。」

　　「那是因為妳不習慣讓自己受到注意，但這看起來如何呢？」

　　「沒有我本來以為的那麼誇張。」莎莉承認。

　　「好，我還要妳做最後一件事情。妳知道我要妳帶高跟鞋過來吧？妳穿著高跟鞋練習一下伸展台走姿，我知道這更有挑戰性，所以我會留妳一個人在大廳練習。」

圖13　伸展台走姿

不要只是走路，要像模特兒一樣昂首闊步。

經過了十分鐘在走廊來回走動後，莎莉開始看起來比較自然一點了。我提醒她，走路是最難學習的。通常需要一到兩個禮拜的頻繁練習，才能讓她們把走姿融入自己使用身體的方式。雖然這樣，當莎莉觀察自己往螢幕的方向走去時，她可以感覺到極大的變化。

「這真的性感許多。」她做出評論。

「我很高興妳能看得出來，但妳會愈來愈性感的。在我教妳更多東西之前，我要妳到外面十五分鐘，練習妳剛剛學會的走姿。這會讓妳更有自信，也讓妳對男人的注視不那麼敏感，畢竟男人的注視還是讓妳很不自在。」

莎莉回來的時候，她看起來嬌嗔參半。「真的要很長

恭維的最真誠形式

性感魅力是藉由模仿來學習的。所以增加性感魅力的最好方法之一，就是觀察讓妳敬佩、男人也覺得很有魅力的女人的舉止（她們要讓妳敬佩，這點很重要，不然妳就不會想要模仿她們了）。

從後面看見的風光

德國學者愛任紐艾貝爾-艾伯費爾德到世界各地錄製很多身體語言行為和其所造成的反應。他發現女人臀部的呈現帶給男人的性反應是舉世皆然的（見艾貝爾-艾伯費爾德，《動物行為學：行為生物學》）。

不同文化中的女人都會找出利用性吸引力的方法。搖擺臀部是西方文化中最常使用的方法。有個非常不同的方法，妓女在很多文化中會在男人面前彎腰來激發出這種反應。臀部搖擺在傳統的阿拉伯社會中很罕見，但臀部豐腴的女人對阿拉伯男子來說特別有吸引力，尺寸本身就是個能吸引男人注意身體某個區域的訊號。

一段時間我才能適應。我覺得很不舒服，穿著蠢高跟鞋絆倒了三次，差點跌得狗吃屎。」

「然後呢？」

「我沒讓自己絆倒的時候，我可以用眼角餘光注意到有很多男人往我這裡瞧。我只好一直往前看，但妳說得沒錯，沒有人過來接近我。我想我散發出來的是那種只可遠

觀不可褻玩焉的眼神吧！」

「妳表現得很好，只是需要很多的練習。現在我要妳練習遊行走姿的稍微變形版本。這不像遊行走姿看起來那麼高傲，因為有更多的臀部搖擺動作，所以更為性感。這次妳只要以一般的姿態走路就好，不必把一隻腳放在另一隻腳前面。這個練習妳一開始會覺得非常奇怪，妳也會看起來有點奇怪，所以我們不會把這部分給錄影下來。妳站在我旁邊，這樣我們可以一起來搞怪。」

「好，妳把左腳伸出來，就好像要跨出一步似的，在左腳剛碰到地板的時候，把妳的臀部往左邊扭，同時妳的右鞋跟應該離開地板，就像這樣。」

「現在用妳的右腳往前跨一步，著地的時候，把右臀往右挪，同時抬起左腳的鞋跟。記得，是在前面的那隻腳和那側的臀部向前突出（圖14）。簡單來說就是跨步、臀部外移、另一隻腳跟向上，或是跨步、臀部外移、腳跟短暫向上。我們先慢慢來練習一下。」

我們沿著走廊走動，念著口訣「跨步、臀部外移、腳跟向上、跨步、臀部外移、腳跟向上」時，我們都笑了。有幾位其他的治療師也笑了，她們已經習慣看到我跟顧客走在一起進行走路教學了。

在幾分鐘之後，莎莉看起來依然彆扭，就像機器人一樣。她跟很多人一樣，在走路過程中也會忘記把身體挺直，看起來非常僵硬。所以我建議她練習十分鐘，使用想

圖14 臀部大搖擺走姿

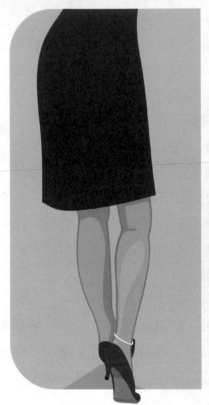

重心放在左腳，左臀移出。　　重心放在右腳，右臀移出。

像的技巧，「想像妳在深達頸部的水裡走動，就像在游泳
一樣，動作要連續不間斷，重點在於流暢、起伏的動作。
所以當妳推開水的重量的時候，要想著『跨步、臀部外
移、腳跟向上』，然後要慢慢的開始，也會有幫助。」

但我也是……

「可是我太胖了。」豐腴的臀部對喜歡妳的男人來說是種優點，所以不要試圖掩蓋，秀出來吧！這會讓妳表現出對自己的性感魅力的自信。

「可是我皮包骨的。」有很多男人受到骨感女人的吸引。心理學家戴凡卓辛格發現腰部臀部比例為七比十的身體，特別吸引男人（《性格與社會心理學期刊》，1993）。然而，尤其對相對來說臀部尺寸小於這個比例的女人來說，臀部搖擺的效果就是為了加強這兩種身體器官的尺寸差異，因為在搖擺的時候，臀部會從兩側輪流明顯突出至腰部以外。

「但我身體柔軟度不夠好，做不來臀部搖擺。」妳夠好的，妳只是不知道而已，因為妳的肌肉沒習慣於這種動作，這只是練習與否的問題罷了。

「我不懂。」她說，之前那種挫折感又出現了。

「妳試試看十分鐘，然後回來，我們再錄影。」

莎莉回來的時候，她走路的姿勢好看一千倍了。

「好，我們來錄影，但錄影之前，我要妳讓臀部搖擺的動作更加誇張。」

心不甘情不願的，莎莉試著走路的時候讓臀部搖擺更明顯。

「我必須老實說。我覺得自己就像是妓女一樣。」

「我們看一下錄影帶吧！」我提出建議，「這看起來有妳認為的那麼極端嗎？」

「沒有。」莎莉驚訝說道，承認她可以體會為什麼這種走路姿勢可以吸引到男人。

「好，我要妳練習這種走法五分鐘，妳可以多加嘗試讓自己誇張或者含蓄些，可以改變臀部搖擺的程度。」

莎莉這次回來的時候，看起來自在許多。

「妳真的懂了！好，現在我還想示範一種走姿，那是最性感的。這叫做臀部大搖擺走姿（圖15），這幾乎和妳剛剛所學的剛好相反。開始的時候左臀向外，右腳向外往前準備好要著地，當右腳著地，左腳跟往上時，開始轉移到右臀，但直到左腳往前伸的時候才完成動作。」

莎莉真心誠意嘗試了一下，但就跟許多女人一樣，她試得還滿痛苦的。那是因為美國十個女人只有一個可以自然採取這種走姿，但在歐洲則普遍許多。

「我真的需要學會這種走姿嗎？」莎莉問道。

「這不是最關鍵的，但妳還是應該了解這種走姿。妳可以觀察使用這種走姿的女人，來讓自己掌握住感覺，然後妳可以在家裡的鏡子面前練習。遊行走姿和伸展台走姿對妳來說非常適用，所以我不會擔心。如果妳花多一點時間在歐洲，這種走姿還滿有用的。」

「好，我會放開心胸的。我了解到有些東西剛開始嘗試的時候會有點奇怪，但現在我還是先略過這個動作好了。」

「好，但就算這樣，妳還是需要經常練習其他的走姿，讓這些姿勢自然而然變成自動化。我會建議妳在家練

當妳這樣做時，可以想想……

誇張一點！這是讓妳的肌肉記憶快速形成的最好方法。幾乎所有人都覺得她們在學習這些新技巧的時候，自己親身實做的感覺真的很荒謬。但幾乎所有人都覺得當她們看著自己的時候，她們的舉止其實就沒有那麼極端奇怪了。如果妳覺得自己太誇張了，妳可能正做出正確的動作。

習大搖擺走姿，其他較爲細緻的動作則可以隨處練習，包括街上甚至是工作。記得，妳現在有力量可以決定走路的時候要投射出多少的魅力，視當下情況是否合適而定。」

「我喜歡這種力量。」莎莉微笑說道。

「下一堂課，請妳戴一些珠寶過來。」我建議她。

「我會的，下次見了。」

圖15　臀部大搖擺走姿

  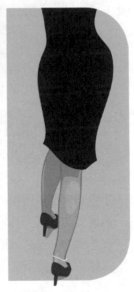

當右腳跨出的時候，左臀往左移動。　　　右腳放下，但左臀依然向左挪出。　　　當左腳跨出的時候，右臀向右移出。

Lesson 3

迷人又
有女人味的
手勢。

雙手看起來性感迷人的關鍵，
在於用手指指尖緩慢地輕觸脖子、
鎖骨、大腿、臀部等身體部位，
就像愛撫自己一樣。

多數女人在結束走路課程之後，就開始看起來真的有所不同。她們的整個儀態都改變了，變得更性感也更有自信。外貌的改變會轉為內在的改變，包括變得更勇於嘗試新學會的動作。

「我在路上到處都在練習遊行走姿。」莎莉咧嘴跟我報告：「天啊，我真的得到很多反應。」

「比如說？」

「大多數的男人都跟我微笑，有一個女人還對我皺眉。但真正有趣的反應還是來自我自己，今天我來這裡的途中，我經過了一些男人，還聽到幾聲的口哨，我在轉角想過街的時候，還注意到有一個男的正打量著我。我想我有點太過頭了，但我沒像以前一樣驚慌失措，我覺得有勇氣耍性感真的很爽。」

「很不錯，有時候稍微誇張一點也不錯，可以確保自己掌握住新學的動作。」

莎莉說：「不管怎樣，我真的很興奮。今天要學些什麼呢？」

「今天我們會學習使用雙手來讓妳自己受到正面的關注。雙手在性感魅力來說很重要，因為雙手跟撫摸和慾望有關，自然也和性愛興趣有關，雙手的神經末梢密度比身體其他部位的皮膚都來得高。今天的課程裡，我們會著重在妳用來碰觸自己或是接觸物體的方式，也會探索如何用手勢來創造出性感的形象。首先我們來談論對雙手的照

料，這很重要，因為雙手引起很多注意，所以必須盡可能地迷人。妳對自己的雙手有何想法？」

「有點乾燥，需要手指護理。我指甲太短，但因為我平常會彈鋼琴，所以也沒其他選擇。」

「最起碼，應該要經常使用乳液，還需要手指護理，這很重要。」我告訴她：「長指甲比較容易吸引男人注意，但也不應該太長，只要稍微突出手指尖端就好，這應該不會妨礙到妳演奏鋼琴。如果不想一直處理長指甲，妳也可以戴上假指甲。指甲上色有助於吸引男人讓自己變性感，如果口紅是紅的，可以上紅色指甲油，如果口紅是其他顏色，那就換其他色調的指甲油。黑色口紅和黑色指甲油是絕對退流行了。」

「我看過有些女人留著超級長的指甲，這樣好嗎？」她問。

「超級長的指甲，如果真的也上了紅色指甲油，就會讓女人看起來像交際花或是被包養的情婦。畢竟，她不會洗碗，是吧？」

我們都笑了。

「但是擁有漂亮的雙手還不夠，要用有魅力的方式來使用漂亮的雙手，這很重要。我們先來看看錄影，看妳使用雙手的方式，這樣我們就有個基準可參考。」

莎莉發出埋怨聲，「我對自己使用雙手的方式極度缺乏信心。我還是少女的時候，有個阿姨一直告訴我說我使

用雙手的樣子不夠淑女。我從來沒眞正搞懂她的意思，但我盡可能地不太常使用我的雙手。」

「她可能是指當妳使用雙手的時候，妳碰觸到自己的樣子太緊張，或者妳的手勢太中性或者太男性化了。雙手靜止比緊張地移動雙手還好，這沒錯。但就像有女性化的坐姿、站姿、走姿一樣，也有些使用雙手較爲女性化的方法。在觀看錄影帶之後，我們會看到妳的手勢，再來決定要怎麼加以改善。」

我放了一分鐘的錄影帶，然後停止，「所以妳有什麼想法嗎？」

「我不時在搔癢或是拉扯自己，看起來很緊張的樣子，也很讓人分心。」

「妳觀察得很好，沒錯，這眞的很讓人分心。妳使用雙手的方法一點都不性感嫵媚。」

「嫵媚使用雙手到底看起來是什麼樣子啊？」

「不要搔癢或是拉扯，要讓妳雙手看起來性感迷人的關鍵，在於妳碰觸到自己的時候使用的是手指的指尖。」

我示範碰觸脖子和手臂的樣子，「妳看我指尖緩慢移動的樣子，輕觸我身體的部分。妳可以這樣碰觸著脖子、鎖骨、大腿、臀部。妳甚至可以這樣子碰觸妳的小腿肉，如果妳往前坐的話。」

「這看起來就像是在愛撫自己一樣。」莎莉說道。

「一點也沒錯，而且看起來比搔癢要性感許多！現在

雙手要穿戴些什麼才變得性感？

衣物可以正面強調女性的性感訊號，如果正確使用，珠寶也可以強調雙手的曲線和性感。

如果想要強調修長的手指，戒指就應該是圓的或是橢圓的。大型的珠寶首飾，如果是四方形的，就會讓手指看起來太過短胖。

愈少愈好，每隻手不要穿戴超過一個戒指。穿戴太多戒指，會把焦點轉移到戒指本身，讓人忽略了妳手指的曲線。

對妳有興趣的男人，會看著妳左手無名指。所以妳穿戴在那隻手指上的戒指，不可以看起來像是訂婚戒指或是結婚戒指。如果妳真的想要看起來是單身，那就不該在左手無名指戴上任何戒指。

戒指、項鍊還有耳環應該相互搭配，讓對妳感興趣的男人可用眼神繞轉在妳的上半身。此外，這也意味著好品味。

很昂貴或者很眩目的戒指，暗示著妳是很喜歡炫耀金錢的人，所以除非這是妳想要給人留下的印象，否則不要戴這種戒指。

手鐲應該強化手腕的曲線，看起來要典雅、寬鬆、柔順。

換妳試試。」

莎莉很快速地用指尖碰觸自己的手臂。

「慢慢來，做動作的時候不要看著自己。關鍵在於看起來柔和又性感。」

「我工作的時候不會這樣做，對吧？」莎莉問道。

「對啊，妳不會，但如果妳想要傳遞出妳想被碰觸的訊息，那妳就會想要這樣碰觸自己。好，遵循使用指尖這個原則，我要妳把頭髮移到耳朵後面。」

莎莉把頭髮推到耳朵後面，手背對著我的方向。

「還不錯，但如果妳手心向前，露出妳的手腕，那就更性感了。」（圖16）

莎莉照我的說法試了。

「這動作叫做理毛，我們在開始談論調情的時候會大量使用這動作。」我告訴她。

「理毛是什麼啊？」

「理毛就是碰觸自己或者身上衣服的時候，用一種暗示自己想要看起來性感的方法。在妳真正開始跟某個特定男性說話之前，這訊息就是說『注意我的外表並好好欣賞』的意思。當妳和某位男性交往的時候，這訊息就代表著『我願為你變得好看』，這對男人來說是種恭維。妳也可以用衣物或珠寶來理毛；比如說，只使用妳的指尖把上衣拉低，讓更多的乳溝露出來。」

「那看起來很棒。現在試著想像妳身穿裙子，妳把裙

子撩高一點然後再放下。」

「這種勾引法還滿挑逗的。」莎莉說道。

「真的，這能讓男人瞄一眼裡面有什麼好料，這也絕對能增加神祕感的品質。妳在調整裙子之前，可以讓膝蓋或者部分大腿給露出來幾秒鐘，或者如果妳吸引到妳不感興趣的男人時，妳可以快速把裙子給放下來。」

莎莉看著螢幕，把想像中的裙子拉上拉下來演練。

「妳也可以碰觸珠寶來理毛。比如說，妳可以試著用性感的方式碰觸妳的項鍊，也是使用指尖的部分就好。」

莎莉慢慢地用指間撫摸她的銀項鍊。

「這種撫摸法看起來很迷人，也讓人注意到我的脖子。」她說。

「沒錯。同樣的，撫摸耳環會讓人注意到妳的耳朵，撫摸髮夾會讓人聚焦妳的頭髮。但要記得，撫弄珠寶的時候應該慢慢來、性感地用指尖來引發妳想要給人的印象。」

我給莎莉幾分鐘讓她練習碰觸自己的頭髮和手臂，也對衣物和珠寶做練習。她讚賞地看著螢幕的時候，我拿了幾樣物品來讓接下來的課程使用：太陽眼鏡、杯子、酒杯，還有一根香菸。

「好，接下來我們要探索的是如何用雙手來拿取東西。妳碰觸環境中物體的方法，可以強調妳的女人特質，同時也可以傳遞出關於妳的性感和對一般碰觸的興趣的訊

圖16　讓他知道妳對他有興趣，把頭髮撥往耳朵後面，露出手心。

息。」

　　「舉個例子給我聽吧！」莎莉說。

　　「女性特質可以在女人使用任何物體的方式時顯露出來。舉例來說，妳試戴一下我放在桌上的太陽眼鏡，先戴上眼鏡再摘下來。」

　　莎莉把太陽眼鏡拿起來，用兩隻手把眼鏡戴上，但她的手指併攏，手指和拇指圍繞著鏡架。當莎莉把眼鏡摘下來時，她只使用一隻手，大拇指和食指抓著眼鏡腳和鏡框，從一旁把眼鏡摘下。

　　「我們再試一次，記得妳應該使用指尖來碰觸東西。我來示範給妳看。」

　　我示範把眼鏡戴上，用兩隻手，但只用大拇指和食指碰觸兩邊的眼鏡腳和鏡架，在我把眼鏡就定位時，每隻手上的另外三隻手指則朝上面（圖17）。

　　「現在妳試試。」我說。

　　「這看起來真的比較有女人味。」莎莉同意。

　　「眼鏡在鼻樑上滑落的時候，妳也可以用雙手來調整眼鏡。妳試試看把眼鏡摘下來，但這次使用跟戴上眼鏡一樣的握姿。」

　　「我懂妳的意思。這看起來比較優雅，對眼鏡也比較溫柔。」

　　「好，用指尖碰觸東西這個原則，我們也用在其他物品上面。這是杯子，我要妳想像自己在咖啡廳裡面用大的咖啡杯喝咖啡。妳會怎麼做呢？」

　　她握住杯子的手把，輕聲一笑，說：「我該把小指像這樣翹起來嗎？」

　　「不要。」我笑了：「這樣太過古怪了。妳可以讓雙手繞著杯子，讓指尖的部分交纏在一起。」

人碰觸自己代表什麼意思？

　　通常當我們碰觸自己的時候，我們充分意識到自己在做些什麼。舉例來說，當我們刷牙、梳頭、化妝來整理儀容的時候，我們意識到自己如何在碰觸自己，為什麼要碰觸自己。

　　然而，也有其他種類的自我碰觸，是我們不會意識到自己動作的。這類的碰觸是其他較完整碰觸動作的片段，因為不是有意識做出來的動作，所以很可能無意透露出我們的感覺，這些感覺不一定是我們想要表現出來的。理毛的動作是這些無意識碰觸動作的一種，其實是整理儀容這個完整行為的縮減版本，就好像我們無意識想要檢查看看我們是否看起來好看。

　　這些慣常行為的運作方式，是由心理學家暨非語言行為專家保羅艾克曼和華萊士弗里森所發現的。他們把這些行為稱作「適應器」，意味著其功能是協助人來適應某些引發情緒的經驗（《符號學》）。

　　因為適應器背後的情緒都沒有公開表達，多數適應器都掩蓋住負面的情緒。舉例來說，對自己搔癢看起來很沒有吸引力，因為這通常和敵意（尤其是身體發癢的時候）有關。所以，也許隱含的衝動，其實是想把惹妳煩心的人給抓傷。

　　然而，有些自我碰觸的動作絕對和正面的情緒有關，比如自我愛撫就是個好例子。在這個案例中，也許完整的行為版本就是讓其他人來愛撫妳！女人有時候做出這種動作的時候並沒有自覺，莎莉上過使用雙手的課程，她可以刻意做出這種動作來當作一種訊號。不但如此，自我愛撫的動作也會讓她感覺更性感。

圖17　用手指第一指節調整眼鏡，看起來會更性感。

「嗯！」她說：「我從來沒想過可以這樣拿著杯子。」

「妳也絕對不會看到男人這樣拿。」我告訴她：「還有另一種方法，想像一下妳和男人坐在桌子旁，手裡拿著

手勢的重要性

　　人做出手勢的時候，發出來的訊息就是說話者的大腦正忙碌著，給人聰明有自信的形象。當然了，妳不應該一直做出手勢來，但挑選過的適用手勢會獲得注意，傳達出妳不怕被看到的訊息，也讓妳散發出自信和魅力的特質。

　　最近的研究顯示，手勢不只是在強調或是戲劇化說話者所說的內容，手勢實際上可以協助人思考。舉例來說，如果限制人在說話的時候做出手勢，他們說話就比較不流暢，有時候會難以找到合適的字眼來表達意念。就算出生時就眼盲的人，講話的時候也會做出手勢來！有時候人在用詞句表達出某些概念之前，就會做出手勢了，看起來就好像他們試圖要攫取自己想說的話（出處：蘇珊戈爾丁-梅多，《傾聽手勢：我們的雙手如何幫助我們思考》）。

一杯酒。」莎莉默默做出動作，「妳現在溫柔地上下撫摸著酒杯。」

　　莎莉照我的指示做，突然爆出了笑聲，「妳是在開玩笑吧！這樣的訊號也太挑逗了吧！」

「信不信由妳！」我跟她說：「如果妳在酒吧裡觀察，妳會看到一些女人這麼做，而且妳可能不會意識到她們在做些什麼，但就某種程度來說，男人可以心神領會。」

「好，性感使用雙手最後要注意的一點，就是妳的手勢。我們再看一次錄影帶，妳告訴我妳怎麼看自己的手勢。」

幾分鐘以後，莎莉注意到某些事情，「我的手勢太小了，有點無力。」

「沒錯。有時候妳手移動的樣子，就好像妳想要做出手勢，但卻沒把動作完成。妳還注意到什麼呢？」

「我想我的手勢有點僵硬。」

「沒錯，那是因為妳的手指緊靠在一起，妳的手腕太僵直，不夠有彈性也缺乏魅力。如果要讓手勢吸引人，那有幾點事情要注意。當妳做出手勢的時候，手腕應該彎曲，手肘也要放鬆，手指也要稍微分開並且彎曲。基本上，妳應該強調手掌、手臂、手指的曲線。」

「就像性感的走路姿態強調的也是女人身體曲線一樣。」莎莉說。

「一點也沒錯。除此之外，有女人味的手勢也比較位於身體前方，男人傾向在身體側面做出手勢，這樣可以擴大他們占有的個人空間，站姿也較男性化，雙腿分開，手臂張離身體。女性化的手勢是向前的，可以讓手臂靠近身

體，但手勢本身可以大一點。最後，妳可以用一隻手來做出手勢，而不是像男人用雙手來做手勢。這跟女人坐著、站著、走路的時候身體不對稱是相符合的。」

「我確認一下我是否聽懂了。」莎莉說：「我做出的手勢，要盡量強調手腕、手肘、手指的曲線，讓手勢保持在我身體前方，盡量只用一隻手來做出手勢。」

「沒錯，我們來玩模仿貓遊戲吧。妳觀察我做的每個動作，然後模仿我的一系列動作，就像啞劇一樣，不要發

能確實吸引他的手勢

莫妮卡摩爾的研究發現，如果女人跟男人聊天的時候，把雙手靠向自己的身體，那就意味著她想要把男人吸引過來。

如果她手肘彎曲靠近身體，並跟手部形成類似環狀的姿態，當她跟遠處的男人交換眼神接觸，這訊息就是：「看著我，過來我這！」

如果她舉高手臂來強調讓她特別興奮的話題，甚至高舉過頭，而且她正在跟男人說話，那他在手勢出現後通常會馬上靠近一點（《動物行為學和社會生物學》）。

出聲音，這樣妳就能掌握住感覺了。」

接著我向莎莉展示了基本女性化手勢的順序，雙手往前翻轉掌心向上，一次一隻手，同時讓手腕露出也讓手指張開。接著我做出了想像中的停止手勢，先用一隻手。最後，我用彎曲的手掌和張開的手指來碰觸自己，先碰著胸部，就好像說：「你說的是我嗎？」接著又碰著臉部，就好像在說：「我的老天啊！」

莎莉跟著我的動作，不用言語練習著手勢。首先，她嘗試幾次讓手臂和手腕放鬆，讓自己掌握住感覺。我需要提醒她把手勢放在身體前方，並且讓動作大一點。除此之外，她做的動作真的很迷人。

「很棒。其他的手勢都只是彎曲手腕、手肘、手指張開這個主題的變奏。根據這些指引，我們來看看怎樣有女人味地揮手來打招呼和道別。妳假裝自己從房間裡的另外一邊跟我揮手，妳會怎麼做呢？」

莎莉揮了揮手，掌心向前，左右移動。

「這樣的揮手還可以，但並不特別有女人味，因為是左右移動，比較是男人作風。妳可以試著把手腕往前彎曲，手指不要保持靜止，而是像翅膀一樣上下快速連續移動。」

「這確實看起來比較好親近也比較楚楚可憐，但我工作的時候不會這樣跟人揮手。」莎莉說：「這太隨便了。」

「可以肯定的是這看起來比較嬌弱。有些女人甚至只用兩隻或者三隻手指做出類似的動作。的確，妳說得沒錯，如果妳希望別人認真看待妳，妳不會想在工作的時候做這種動作。」

「說到工作，有人曾跟我說我握手的方式不夠有說服力。」莎莉說道。

「我們來看看，妳把手伸出來準備握手。」

她掌心朝向側面把手伸出來。我們握手的時候，兩人的掌心相觸，但她的手相當無力。

「妳跟男人或女人在商務情境下握手的方式問題不大，但妳的手應該要更有力些。」

「多有力？」

「舉例來說，有力到足以壓扁塑料海綿，但手勁不要超過那種程度。」

莎莉試了幾次握手的方式，直到她能完美掌握住握法和力道。

「這對工作來說很完美。但如果妳被介紹給妳感興趣的男人時又該怎麼做呢？」

「基本上我握手的樣子不會有改變，但力道會輕一點。」

「如果妳對那位男性不感興趣，那這樣握手不會有問題。但如果妳想要強調女人味的一面，那妳手往外伸的時候掌心向下，這樣他就會跟妳的手指握手，兩人的掌心不

會接觸。如果妳想要加強效果，變得更挑逗，那妳和他剛開始接觸的時候不要看著他，眼神往下或往其他地方移動，等到握手繼續的時候再看著他。我們來試試看，妳把我當作男的，伸出妳的手指，接著看往別處一秒鐘，接著再看著我，並盯著我眼睛看兩三秒鐘，這段時間都要維持手部的接觸。」（圖18）

「天啊，我從沒想過這種簡單老式的介紹也可以那麼帶有挑逗意味！」她笑著說。

「這是妳使用手和眼睛方法的結合，對了，我們下堂課要學習的就是眼神的使用，手眼並用會更有力量。好，我們複習一下今天學的東西。妳首先要記得的就是，如果妳要碰觸自己應該用指尖的部分，緩慢地撫摸。搔癢或是拉扯的動作只會讓妳看起來緊張又缺乏自信。」

莎莉練習用指尖碰觸自己的手臂和頸部。

「很好。現在如果妳要表現出有魅力的樣子來暗示妳有興趣，那就繼續使用指尖來把頭髮撥撩到耳朵後方、撫摸妳的珠寶或者調整妳的衣物。這些動作都稱作理毛，可以傳遞出妳想要為某個人而變得好看。」

莎莉用雙手把頭髮撥往耳朵後面。她也性感地玩弄自己的耳環，也把玩著脖子上的銀鍊。

「看起來很性感。」我告訴她：「好，現在拿一樣我們還沒使用過的東西，用性感的方式拿起來，要記得繼續專注在手指尖端。」

　　莎莉環顧四周，手往她外套的口袋裡伸，拿出了一雙手套。她慢慢、性感地把手套戴在自己手指上面，這讓我驚喜不已。接著她用指尖把襯衫最上面的鈕扣給解開，幾乎在撫摸著鈕扣。

　　「妳真的把我的話給聽進去了。」我說：「最後，假裝我們在聊天，然後妳做出手勢，要強調手腕、手肘、手指的曲線。」

　　莎莉就很像肚皮舞者一樣地移動她的雙手，同時也微笑了。

　　「這是目前為止最簡單的一課！」她很興奮地說。

　　「這的確是。要做好心裡準備唷，因為明天我們會學一些有力但卻困難的眼神訊號。」

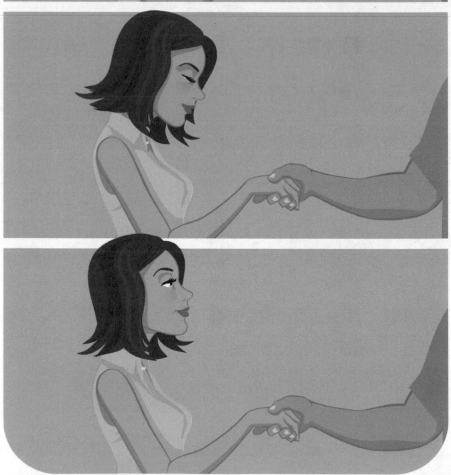

圖18　有調情意味的握手。

Lesson 4

可親、有魅力、
楚楚可憐的
眼神。

雙眼說穿了就是用來誘惑的；
睜大雙眼、眨眼、斜瞄、急瞟，
這些都是營造神祕感覺與很棒的挑逗
方式。

莎莉進門來，對她學到使用雙手的方法感到很興奮。「我從昨天開始就一直在練習，真的很樂在其中，也許是因為我能馬上看到差異，學習起來也很容易。」

　　「很好，因為今天的課程比較有挑戰性。今天的課程是關於最有力的性感訊號，也就是雙眼的使用。但在我們開始之前，我要妳讀一段歐里庇得斯寫的東西。『如果你真的要置她於死地，那我深深祝福你，但你必須即刻行動，在她的眼神勾動你心弦之前，免得你心搖意動；畢竟她的雙眼就如同武器，當她的凝視落地，城市就會焚燒。』」

　　「哇，這段詩描述的是誰啊？」莎莉問道。

　　「特洛伊的海倫。所以妳覺得這些詩句的意思是什麼呢，尤其是對她眼神的描述？」

　　「誘惑？」莎莉猜想。

　　「沒錯！我們目前所學的，坐著、站著、走路、手勢等等，都是為了獲得他人注意。善用眼神可以吸引到男人，雙眼說穿了就是用來誘惑的。」

　　「沒錯，只要聽廣播就知道此話不假了。」莎莉說：「有成千上萬的歌曲都在描述眼睛如何傳遞出愛意和慾望，但雙眼為什麼那麼有力呢？」

　　「有部分原因是因為眼睛可以傳遞出很多不同的訊息。但人們會對他人的眼神做出情緒反應，這也是千真萬確的。即使是眼神接觸這個詞也有如此的暗示：就像是接

雙眼為何如此有力？

　　研究顯示嬰兒在出生不久後，眼睛就會產生天生的反應和注意力。六到八週的嬰兒看到頭部剪影會有微笑的反應，如果這些剪影上有用來代表眼睛的點，那點愈多，嬰兒的微笑就愈多，這是自動的反應。這種微笑會讓嬰兒受到注意，人們會想要抱起嬰兒來。

　　其他的動物對看著牠們的凝視也會有反應，尤其是長時間的直視。比如黑猩猩會因此動怒，也可能讓人動怒，尤其如果眼神看起來殺氣騰騰的話。

　　反應也可能是正面的。有證據顯示，如果看著妳愛的或者吸引妳的人的眼睛和臉孔，就算是照片好了，也能刺激多巴胺的分泌，這是腦內會令人產生愉悅感的化學物質。

　　研究也顯示，成人對於直接的凝視，尤其是來自陌生人的凝視，會令心跳加速，也會激發一般神經系統作用。如果凝視妳的人很有魅力，看起來也很友善，那反應很可能就是正面的。

觸著他人，妳也會因此受到感動，就好像有種感覺被激起了。有一種溝通練習，可以注視著同伴的眼睛達一分鐘左右，這樣能引發人們強烈的情緒。」

「我有過類似的經驗，當有魅力的男人看著我時，就算只有幾秒鐘，我通常會臉紅然後把頭別開。」

「今天我會教妳如何做出改變的方法，也會教妳使用雙眼來傳遞出妳的優勢。」

莎莉放低音量，「我知道有效使用雙眼是妳性感魅力訓練課程很重要的一部分，但我不確定自己可以克服男人看著我時的害羞和尷尬情緒，尤其是在我受到他吸引的時候。」

「妳會學到三件使用雙眼時很重要的事情：放出訊號跟他表示妳對他有興趣、在妳開始跟他說話的時候表現出妳覺得他很有趣的樣子、最後如果妳已經下定決心就可以引誘他。既然對多數人來說因為怕受到拒絕，所以放出訊號是最困難的一部分，我們就把這部分留到最後來處理。」

莎莉如釋重負。

「所以我們從簡單的開始，之所以簡單，是因為有很多用眼睛可以做的事情妳已經做得不錯了。」

我給莎莉看我們到目前為止的對話錄影帶，我要她對自己的眼睛做出評論。

「我的眼神接觸很穩定。」莎莉注意到，「當妳講話

的時候，我會一直點頭，看起來就像我很專注似的。」

「沒錯。妳講話的時候把眼神移開的機會比聽話的時候多，這是一般人在思考的時候都會做的事情。妳也使用了其他的聆聽訊號，比如偶爾把耳朵傾向我的方向，就好像在說『我真的想聽妳說的話』。而且當我談到特別有趣的事情時，妳有幾次短暫地挑起眉毛。簡單來說，妳是很好的聆聽者，如果妳還沒注意到的話，男人喜歡講話也喜歡被聆聽。」

「是的，我注意到了。這能建立他們的自我形象，但我也注意到他們不是太棒的聆聽者。在我的上一段關係中，我經常跟我男朋友說：『我講話的時候可以請你看著我嗎？』我講話時我老闆眼神也會飄往其他地方，這真的會讓我抓狂。」

「沒錯，男人較少看著對方，不論是講話或是聆聽的時候。」我告訴她：「身為女性，我們在還是小女孩的時候就因為社會化而養成比男孩還有更多互動的習慣，這個趨勢會一輩子持續著。有些人認為這可以追溯到女兒剛出生的時候，媽媽看著女嬰的眼睛，就好像看見自己一樣。而媽媽看到男嬰的眼睛，則看到另外一個人，需要教導他獨立，所以跟他的關係就不會那麼緊密纏繞在一起。所以妳可能總是發現女人比男孩還善於聆聽，不過今天我們要探索一些方法來擄獲男人的注意力，這樣妳就能盡可能得到他的全神貫注。」

看或不看……

眼神接觸是兩性間溝通的老問題：

雖然男性和女性在講話的時候比較少看對方（來讓自己的思緒完整），傾聽的時候比較常看著對方（顯示自己很專心），但女性在說話、聆聽，甚至緘默時，眼神接觸都比男性還多，這是有原因的。

有個研究顯示，如果在男人和女人之間放上屏障，要求他們繼續談話，那屏障會阻礙女人說話的流暢度，卻不會阻礙男人說話的流暢度。女人想要看到男人的反應，想要看到男人是真的在專心聆聽，她們也覺得眼神接觸可以增加親密感，男人對這些議題就比較不關心。

研究也顯示對女人來說，缺乏眼神接觸會給人不專注和缺乏興趣的感覺，也會造成她們較常被打斷談話。但這些效果都沒有在男人身上看到，他們眼神接觸的量比較少（見伯顧恩、布勒、伍德爾，《非語言溝通》）。

要旨：如果妳對他有興趣，那就繼續看著他，但要用種種迷人的方式看他，這樣他就無法把眼神離開妳了。

「有什麼辦法呢?」

「妳的聆聽風格已經很容易親近並提供支持了,妳對我的話表現出感興趣的樣子。但如果妳要男人真的專注在當下,妳必須表現出非常、非常感興趣的樣子,而且是用有趣的方式表現出來。所以我們會有加倍功效並增加更多訊號,因為妳愈表現出專注於他所說的每句話,他就會愈喜歡和妳交談。」

我接著指示莎莉看著鏡子,想像自己跟她覺得很有魅力的男人交談。

「如果妳要表現出把男人當作宇宙中心的樣子,並且著迷於他的談話內容,那有四個要素。首先是他講話的時候要微笑:一個了然於胸、閉著嘴巴不露出牙齒的微笑是很好的選擇,因為看起來很神祕。如果想要讓微笑更有說服力而少點嘲諷意味,那要記得使用快樂的眼睛。」

「那是什麼?」

「讓每隻眼睛外側邊緣出現小小的皺紋。妳不需要咧嘴露齒大笑,只要讓臉頰肌肉抬高就好。」

莎莉看著鏡子微笑,練習讓臉頰的肌肉抬高或放下來達成眼睛的效果。「我覺得如果我真的感到快樂的話,才能自然而然做得好。」莎莉說。

「沒錯!」我說:「事實上,研究顯示,如果妳保持住快樂的表情一陣子,就會刺激到跟愉悅有關的大腦部位。很好。現在我要妳把雙眼張大一點,讓整個虹膜都露

出來。順帶一提，快樂雙眼和張大雙眼是不能並存的。妳也可以稍微把頭往旁邊傾斜。」（圖19）

「就好像是用眼睛跟他說：『我覺得你說的棒極了！』」莎莉一面觀察鏡中倒影，一面說。

「正是。這叫做睜大雙眼，能讓妳看起來很甜美，也有點楚楚可憐……幾乎跟小孩一樣。」

「所以那就是洋娃娃眼睛那麼大的原因。」莎莉指出了兩者的關連。

「好。」我繼續說：「既然妳已經記住睜大雙眼了，我要妳連續快速地眨眼三或四次。想像蝴蝶振翅的樣子，每次眨眼之間應該間隔個三秒鐘。」

莎莉又露出了那種「妳是在開玩笑吧」的眼神給我看，但還是試著眨了眼。

「我覺得自己看起來就像是眼睛裡面有東西一樣。」莎莉提出抗議。

「妳試著眨眼快速一點。平常的眨眼比較緩慢，也不會那麼快速連續眨眼。」

莎莉再試一次，「這真的荒謬極了。」她說道，之前那種挫折感又回來了。

「我知道，但妳等等就知道，我們看錄影帶的時候，眨眼動作不但不會荒謬，反而看起來很有風情。男人會認為這意味著妳覺得他們很有意思，或者代表他們成功地討好妳的歡心。」

圖19

伴隨著一般眼神的微笑。

伴隨著快樂眼神的微笑。

「他們最好覺得我在討他們歡心，畢竟我已經很努力讓他們覺得很安全了。」莎莉笑了。

莎莉練習睜大雙眼並眨眼的表情，過了幾分鐘以後，就自然許多了。

「還有一樣元素可以增添進『你真是有趣啊』這種表情。當妳聆聽著妳想像中的夢中男人時，我要妳慢慢地把頭更偏往一側，大概就是直挺著頭和把頭放在肩膀上兩者的中間處，就像是用妳的頭來發出讚嘆聲一樣。好，來試試吧！」

「你說的話真的棒極了，也酷斃了！」莎莉跟她想像中的仰慕者說話，語帶嘲諷，她眼睛睜大，假裝很驚喜的樣子，不時眨眼，頭則向側邊傾斜。

「說正經的，妳覺得自己看起來怎樣？」

「我看起來有點無辜，看起來我很崇拜這個男人。」

「沒錯。把眼睛睜得比平常還大，可以強調妳對他的支持，這也暗示某種程度的楚楚可憐，因為看起來就像小孩一樣無辜，所以這會激發出男人想要保護妳的自然天性。頭往一邊傾斜會讓妳看起來更加楚楚可憐，如果從一側傾斜到另外一側，就暗示著妳對他所說的話很感興趣。如果妳沒注意到，妳的音調有些微的提高，這增添了妳女孩般的魅力。」（圖20）

「其實我有注意到。」莎莉說道：「這是正常的嗎？」

　　「很正常。事實上，如果妳聽相愛中的男女跟彼此講話，他們的音調都會比一般人還要高，所以這是好事。好，我們休息個幾分鐘，等一下回來後，我們來學習要如何用雙眼來勾引男人。」

　　莎莉在洗手間整理了頭髮。她到辦公室以後，告訴我她即興讓鏡中的自己看起來很專注又很感興趣。她也說當她裝出專心聆聽的樣子時，其他的行為也會自然出現，比如睜大雙眼、眨眼、頭部傾斜等等。

　　當我要莎莉跟我複習一下她剛剛獨自練習的東西時，她停止動作，說：「跟女人在一起做這些動作感覺很好笑，但我不確定為什麼。」

　　「有哪個部分是妳覺得不舒服的？」我問。

　　「我想代表著聆聽的訊號沒問題，甚至頭部往側邊傾斜也沒問題。」莎莉說道，停下來想了一會，「但睜大眼睛、眨眼、頭部從一側傾斜到另一側就似乎很奇怪了。其他的女人會想：『為什麼妳要在我面前扮演小女孩的角色？』」

　　「沒錯，這些額外的行為就像是調情一樣。但妳跟其他女人相處的時候，如果要表現出專注聆聽的樣子，有其他的方式。比如說，妳可以偶爾挑起眉毛，就好像是說：『我知道妳的意思！』妳也可以比跟男人在一起的時候，在臉部表情和聲音中展現出更多外在的情緒反應。一般來說，跟女人比起來，男人聊天的時候的情緒反應比較少，

圖20　「我覺得你好棒」的眼神，眼睛睜大，頭部傾斜。

　　所以妳應該在情緒表達的程度取得平衡，跟男人在一起柔
和點，跟女人在一起可以激烈點，尤其是在個人或隨意聊
天的情境下。雖然妳跟女人講話的時候希望能活躍一些，
但不帶著調情意味，不過，我可以保證男人會覺得用眼睛
來調情很有魅力。」

　　「好，我們繼續。」我說道：「當妳讓男人相信妳覺
得他很棒以後，妳會希望開始讓他對妳產生興趣。現在我
們來聊聊使用雙眼來變得更誘人的方法。當妳想到勾引的
時候，腦海中浮現什麼呢？」

　　「神祕感。」莎莉說。

　　「沒錯。用雙眼來勾引人的關鍵，就是要營造出神祕
的感覺，先看著他，再看往別處，接著再看他；這是種挑
逗，真的。有幾種方法可以造成那種效果。我們先從含蓄
的一種開始，叫做魅惑眨眼。我們開始之前，我給妳看一
部希區考克的老電影『北北西』的片段。這是一段很棒的
誘惑場景，幾乎全靠雙眼來勾人。」

　　我放了電影片段，卡萊葛倫坐在火車裡面的餐車裡，他
的對面是愛娃瑪麗森特。她用了雙眼做了幾件事情，當卡萊
葛倫站立的時候，頭稍微低下的她往上看著他，當他坐著的
時候，她雙眼先往下移動然後在往上看著他，接著眨了好幾
次眼。有時候，她眼皮稍微往下的時候，直視著他一兩秒。
還有一次，她評論說他的臉蛋很帥氣的時候，把眼神從他額
頭移動到眼睛再移動到嘴唇。他深陷其中了。

　　「我懂了。」莎莉說：「但那是一九四○年代，我很
難相信女人現在還會這樣做。」

　　「我就知道妳會這麼說，所以我準備了幾部現代電影
片段來讓妳觀察。記得我跟妳說過性感訊號不會隨著時間
改變太多嗎？妳可以自己觀察。」

如何讓妳雙眼充滿誘惑力

別理會時尚說什麼，規則就是眼部化妝應該很低調。可以用輕柔的眼影來讓眼皮看起來更撩人。此外，大量的睫毛膏可以強調眨眼和其他很棒的眼神動作。

可以在下眼皮畫上白色眼線，這樣會讓妳的眼睛看起來更白更亮。

眼藥水可以讓布滿血絲的眼睛更白，也給眼睛更多的光澤。

眼線要特別注意。可以使用一點點來強調妳的眼睛，但如果畫太多，就會讓妳眼睛看起來太嚴肅，難以親近也太強悍。

我們一起看了尼古拉斯凱吉演的電影「扭轉奇蹟」的片段，已婚的女鄰居試圖在聖誕派對勾引他。當女主人的鄰居在門口接待他和他的老婆，老婆進到派對裡面，即將成為勾引者的她則幫凱吉脫掉外套和手套，讓她自己有機會可以往下看著他的衣服，然後再往上看著他的眼睛好幾次。她把胸部挺高，讓他注意自己的低胸洋裝和乳溝，接著他往下瞄了她的胸部一眼，然後再往上看。她睜大雙眼

看著他的臉，問說：「你喜歡我的洋裝嗎？」派對晚一點的時候，她拿著裝食物的盤子靠近他，盤子放在胸部下方，用半掩的眼睛看著他說：「吃兩個吧！」之後，她邀請凱吉趁她丈夫週末不在家的時候去她家拜訪。

我們也看了「男人百分百裡」的一幕，雖然海倫杭特扮演廣告公司主管角色，是梅爾吉勃遜的上司，但他們在酒吧裡面喝酒的時候，她的眼神依然帶著挑逗意味。他稱讚她的時候，她的頭部從一側移到另外一側好幾次。他們並肩坐著，她的身體稍微往他的方向靠，但她用眼角餘光看著他。當他詳細說著對她的恭維時，她睜大眼睛看著他，當他終於說「妳是我認識最棒的女人之一」時，她突然向前移動並親吻他。不久之後，他們互道晚安，她準備上計程車的時候，她看著他說話，試著決定要不要邀他去住處，然後她眼睛抬高看清楚他的臉。

「妳會看到，當妳觀察自己做這些眼睛訊號時，其實表現出來的會比妳所想的還要含蓄。記得，有些最有權勢、最為美貌的女人，會使用眼睛訊號來擄獲男人的心，正如我們剛剛所見。我現在要妳想像自己看著妳約會的對象，同時妳看著螢幕中的自己，慢慢閉上妳的雙眼，比眨眼還要緩慢得多，比一般眨眼還慢一些。閉上妳的眼睛不到一秒鐘的時間，然後再打開雙眼並繼續看著妳的男人。」

「我應該要魅惑眨眼幾次？」她問。

「兩次不錯，但不要連續超過三次。眼睛開闔離下次開闔應該要有兩或三秒的間距。如果他還需要更多鼓勵，妳遲一點可以再繼續對他魅惑眨眼。」

「那爲什麼這是種挑逗呢？」她問。

「這能讓妳的眼睛短暫離開男人，就像是把裙子撩起，做出調整，再把它放下一樣。男人會覺得妳有點冷淡，這會以正面的方式挑戰著某些男人，而會讓那種膽怯的男人氣餒。」

我們看錄影帶的時候，莎莉很驚訝！「我以爲這會讓我看起來很軟弱，但事實上我卻看起來更強壯了。」

「魅惑眨眼會讓妳看起來對自己的魅力更有信心。」我告訴她：「這也會傳遞出潛意識的訊息，說明妳不是饑渴的女人，讓男人離開妳的視線兩秒鐘是沒有問題的。」

「我喜歡給人這種印象。」莎莉說。

「很好，因爲還有幾種其他的技巧妳可以用來營造類似的挑逗效果。有一種方法稱作斜瞄（圖21）；妳的頭稍微遠離男人的方向、往下看，然後慢慢把眼睛往上移動，用眼角餘光看著他幾秒鐘，就像是這樣。」

「了解，我在海倫杭特演出的那幕有看到。」

「這看起來有點覥腆，就好像是在說『也許我願意，也許我不願意』。」莎莉說道。

「的確是這樣……好，妳可以練習讓魅惑眨眼和斜瞄交替出現來掌握時機。」

圖21　如何跟室內另一側的男人做出訊號：側邊斜瞄。

幾分鐘過後，莎莉看起來就好像是她眨了一輩子的眼睛般。

　　「好，魅惑眨眼和斜瞄是很棒的挑逗方式。但我們快轉，假設你們之間的熱情加溫了：妳很清楚知道妳對這男人有興趣，他也對妳有興趣。妳覺得在這個時間點妳可以用雙眼做些什麼？」

　　「我一丁點的想法也沒有。我是否應該用雙眼吸引住他，然後邀請他跟我回家呢？我希望不是吧……」

　　「當然不是！」我笑了，「既然已經暖身了，是時候使用更為強烈的雙眼訊息了。如果感覺加溫，有一件事情可以用來加強妳的表情，就是把眼皮稍微閉上。這會讓妳的外表看起來夢幻又性感。」

　　莎莉稍微低下眼皮，「這是準備好要親嘴的時候，會自然而然做出的動作，對吧？」

　　「沒錯。下個技巧稱作為臉部愛撫。妳的雙眼看著他臉部周圍，每個五官都停留一下下，眼睛、額頭、嘴唇、鼻子或耳朵，也許再回到妳最喜歡的一個或數個五官上。」

　　「就好像是我用雙眼來觸摸他的臉嗎？」

　　「正是。接下來的比較困難。妳把我想像成男人，好吧，一個矮個子男人，然後愛撫我的臉部。」

　　莎莉做出嘗試，但覺得很難聚焦在個別的五官上面。

　　「妳離我太遠了，幾乎有一百二十公分了。」我指導

她，「會話進行到現在，妳應該跟那個男人離很近了，在四十五公分以內，這是人際距離的親密區域。」

莎莉往我這裡移動，又試了一次臉部愛撫。「這感覺很親密。」

「沒錯。只有當會話進行到很順利的時候，妳才能使用臉部愛撫這招，來看看妳是否可以把兩人關係帶往下個階段。」

莎莉說：「我懂妳的意思。把妳想像成男人，我幾乎就像是在對男人的意圖做出評價。」

「就某方面來說的確是這樣。妳表達出很高興看見他的臉，但妳也表示出妳期待他的反應——他到底對妳多感興趣呢？」

「如果他試圖親吻我怎麼辦？」莎莉問。

「這由妳決定，但他操之過急了。」我回答：「妳可以讓他親妳但不要回吻，妳也可以好好享受！如果妳想要鼓勵他親妳，那妳可以在對他臉部愛撫的時候把時間都花在他嘴上。但一般來說，如果妳要暗示已經準備好親嘴了，那可以把臉轉向他。重點在於妳當下的感覺為何？」

「但我們先假設進展還沒那麼快。」我繼續說：「讓他知道妳的確有興趣更進一步發展的最後一個訊號，就是把頭放低，然後抬頭看著他，眼皮闔上。這實際上說的就是『我尊敬你，我想要屈服於你，但我可以讓我的表情以我的意願來來去去，所以不要忘記主導一切的人是誰』，

洛琳白考兒在一九四〇年代跟亨弗萊鮑嘉合演的電影江湖俠侶中讓『那種眼神』（圖22）出名。妳也可以看到現在女性也在使用『那種眼神』。『慾望城市』裡面，莎拉潔西卡帕克在受到男人吸引的時候會使用，尤其是用在大人物身上。所以我要妳這樣試試：先低頭，然後稍微抬起頭來，在妳看著他的臉的時候瞳孔稍微被眼皮蓋住。就像這樣。」我示範給她看。

　　我稍微低下頭來，再抬頭看著莎莉，我的瞳孔往天花板的方向看，眼皮稍微闔上。此時，我也閉嘴微笑。

　　「我打賭那一定可以吸引到鮑嘉。」莎莉說。

　　「這是當然了，後來他們結婚了。現在換妳試試。」

　　我讓莎莉坐下來並往上看著我。我告訴她要專注想著跟以前一樣的那個男人。莎莉眼睛往上挑逗地看著我。

　　「很好！妳再從同樣的眼神開始，在抬頭之後，往下看，然後先慢慢抬起頭，眼睛很快跟上來，盯著我瞧。」

　　莎莉再次練習了整個流程，低頭、往上看、眼睛向下、頭抬高、眼睛等半拍後就跟上。「我現在真的可以感覺到了，似乎很有力量。」莎莉補充說：「這有點表現出屈服的樣子，但同時我又覺得自己掌握住情況。」

　　「這見解不錯！」我告訴她：「『那種眼神』很有勾引力，男人在此時會覺得自己應該有所行動，比如約妳出門，建議妳到遠離人群的地方，甚至是撫摸妳的肩膀，或者用指尖抬高妳的下巴並且親吻妳。雖然妳不常看到『那

圖22　撩人的眼神：伊娃示範「那種眼神」。

種眼神』，但見多識廣的女人絕對會加以使用。這是很有
力的武器。」

　　用闔上的眼睛和臉部撫摸來練習「那種眼神」到自在
的地步後，莎莉提起了一樣她知道會成為她問題的事情。

「這些是我一清楚知道男人對我有興趣就會做的事情。但我最掙扎的就是如何讓他一開始就過來認識我，這對我來說是最困難的部分。我會太害羞，因為膽怯而看往別處，或者根本不看著他。」

　　「為什麼讓別人知道妳對他有興趣對妳來說會那麼彆扭呢？」

　　「我不知道。也許我害怕男人不會做出回應，這樣我會很尷尬，只想要逃離現場。如果我真的被拒絕了，那個晚上對我來說就完蛋了。」

　　「不管妳有多少的性感魅力，妳不可能會吸引到每個男人，誰知道呢，也許他也很害羞。」

　　「我知道。但我不知道要怎樣在送出訊息卻得不到回應時，看起來不要太愚蠢。」

　　「這是我們接下來要努力的，學會並練習這些行為，最終在真實的生活情境裡，妳幾乎可以把這視作一場遊戲。這就好像是妳跟自己說：『我又要試一次，照著我的方法走，看看這次會不會有效。』」

　　「好，我會盡量把這當作一場練習。」

　　「很好，妳覺得妳最常遇到的情境是什麼？」

　　「可能是在派對或是酒吧裡面。」

　　「好，那想像一下妳在派對或是酒吧裡。妳首先應該做的，就是讓妳自己受到他人注意，好建立起妳的存在感。妳可以坐著，但如果妳站著的話就更有效了。我希望

妳能起身，採用我們之前學過的性感姿勢之一。」

　　莎莉站起來，把身體重心稍微挪開到另一腳，再把手放在另外一側的臀部，拇指朝前，快速轉頭讓頭髮往後飛揚。

　　「很好，這樣絕對會吸引男人注意妳。現在妳要做的，就是用身體語言，來宣告妳想要認識新朋友。妳可以掃描過室內，然後短暫聚焦在特定的人或物品上面來做出宣告。」

　　「換句話說，妳在檢視周遭環境。」莎莉說。

　　「沒錯。所以妳用誘人的姿態站著，掃描全場，藉由快速看過不同的方向來檢視看看有沒有人是妳想要交談的。」

　　莎莉擺出性感的姿勢，用連串的快速頭部運動逐步移動頭部和眼睛來掃描全場。

　　「這是很不錯的開始。」我告訴她：「但不要頭部和眼睛同步移動，如果妳的眼睛先看往某個方向，頭部接著再以平滑流暢的動作跟上，那就看起來更自然也更有趣了。」

　　莎莉試著再次掃描全場，四處看著室內的各個地方，讓雙眼在頭部移動之前的那一瞬間先移動。

　　「好，我們看一下螢幕。」我播放她第一次掃描全場的影片，莎莉往不同方向看去，但頭部和雙眼同時移動。接著又看了她眼睛先移動頭部隨後跟上的模樣。

「第二個動作最好。」莎莉說，「不知道為什麼，我看起來比只隨處移動頭部還聰明許多。」

「那是因為快速的眼球運動代表著活躍的腦袋。」我告訴她：「我們繼續吧。妳已經讓男人注意妳了，妳也檢視過全場尋找可能想認識的候選人了。接下來的步驟，就是對那位妳想與之交談的特定男士做出信號，告訴他妳對他有興趣。」

「我通常在這個時候就卡住了。」莎莉嘆了口氣。

「事實上，這沒有妳想像中的那麼困難。妳掃描全場的時候，會注意到有些男人也會不時看著四周，就算他們在跟其他男人談話，或是看著在吧台電視上的球賽也是一樣。這意味著他們並沒有全神貫注於自己在做的事情，而是給他人互動的機會。」

「但我要怎麼知道，我感興趣的男人對我也有興趣？」

「這不是很精準的科學，但妳就算用周邊視覺來看，也可能注意到有個男人正不只一次地打量妳。如果他也挺直身子，往妳的方向看的時候胸膛也挺出來，那會是不錯的信號。非語言信號的專家阿爾伯特雪夫蘭（《心理治療》）稱這動作為求偶準備。」

「那要是我對看著我的男人沒有興趣呢？」莎莉問。

「妳只要直截了當往其他方向看，並停止掃描全場的動作。但如果他看起來滿有意思的，那就可以做出信號暗

示妳不會介意他過來認識妳。」

「那我要怎麼做呢？盯著他瞧直到他看過來嗎？我覺得自己沒辦法這麼做。」莎莉說道，聽起來有點防衛。

「這對有自信的女人來說是個選擇。有些女人甚至向前一步，從頭到尾打量男人的身體，就像男人打量女人的身體一樣。」

莎莉看起來嚇壞了。

「放輕鬆。」我告訴她：「掃描整個身體只需要花上大約一秒鐘的時間。妳從他的臉開始，往下掃描過他的身體，然後再回到頭部，動作都很快。妳先站離我大概三公尺，然後試著打量我。」

莎莉照我給她的指示做，但依然覺得不自在。

「這等妳覺得更有自信的時候再做好了。還有一個低調許多也比較少風險的方法，也就是研究者莫妮卡摩爾所稱的急瞟，這是要讓男人親近自己最常使用的性感訊號。妳所要做的，就是往男人的方向看，對著他的臉部看大約三秒鐘，然後看往別處，接著再重複動作一兩次。妳先想像一下我是男人，妳試試看。」

莎莉試了急瞟，但只能凝視大概一秒鐘。

「妳凝視著我的時間還不夠。妳剛才不但沒表現出想要吸引我注意的樣子，反而看起來就像是拒絕陌生人跟妳交談的那種『看一眼馬上轉開』的眼神。急瞟應該要持續三秒鐘後再轉開眼神。」

「我看他的時候要微笑嗎？」

「妳如果要看起來更容易親近，就可以微笑，但在男人跟妳接近、對話進行得很順利之前，不要露出太多牙齒，而該用種含蓄的、有自信的、嘴巴緊閉的微笑。」

「那眨眼呢？」莎莉問道。

「這也是種選擇。但我們現在先練習急瞟就好，妳看著我三秒鐘，然後看往別處後再看著我。」

莎莉又試了一次，這次看得夠久，但眼神移開之就就沒再移回來。

「我猜妳對我沒那麼感興趣。」我開玩笑地說。

「我只是不了解，為什麼我要看那個男人超過一次。」

「妳應該看他好幾次的理由，就是如果不這麼做，看起來就會像是妳已經失去興趣，或是失去膽量，或是兩者都失去了。連續好幾次對他急瞟，能給男人一些時間來考慮自己的選擇或是鼓起勇氣，讓他考慮是否要跟妳攀談。所以妳再試一次……吸引我的注意、瞟著我看三秒鐘、看往別處，然後再重複這順序。」

莎莉試了急瞟幾次之後，就自在許多了。

「這對我來說有效果了！」我告訴她：「現在我們再加一樣動作。妳先做妳剛剛做過的急瞟，但等妳第二次往我這裡看的時候，我要妳微笑，這能讓急瞟的效果加強，把急瞟轉變成所謂的『召喚』眼神。」（圖23）

莎莉試了加了微笑的急瞟。我們接著看了錄影帶。

「妳覺得怎樣呢？」我問。

「如果他不懂我的信號，那他就沒救了。」莎莉說道，為自己感到驕傲，接著她沉默了。

「那如果在這一切的努力之後，他仍然不上前來跟我攀談呢？」莎莉問。

「妳永遠不會知道為什麼有些男人會上前來，有些不會。記得，性感魅力很大的一部分，就是傳遞出對自己魅力的信心，所以妳應該要任意追求妳感到興趣的人，不論他是否也對妳感到興趣。如果他沒有回應，妳可以休息一下，然後再繼續快速掃描全場尋找下個可能人選。記得，不冒險就不會有收穫。」

莎莉自動自發地採取了性感站姿，重心擺在其中一腳上，讓那側的臀部往外突出。

「很好。現在我們用稍微不一樣的順序來做出一些眼神信號，先站著快速掃描全場然後再坐著。」

莎莉兩種都試過了，她注意到站著的時候掃描全場是更強烈的宣告，我同意她的說法。

「現在我們用急瞟來做出召喚眼神，先站著然後再坐著。」

莎莉兩者都嘗試過後，我問：「有什麼不同嗎？」

「站著的時候做這動作感覺起來比坐著還要親切，因為我站著的時候男人想要過來攀談會比較容易。」

「沒錯。現在我要妳練習不同的眼神，想像有個男人已

圖23　用急瞟和「召喚」的眼神吸引他。

經過來跟妳攀談了，你們正在聊天。妳先睜大眼睛、眨眼、魅誘眨眼、斜瞄、眼皮闔上，再以『那種眼神』結尾。」

「我認為做出這些訊號的時候，站著不會比坐著還要有影響力。」她說，在試過站著和坐著練習之後。「事實上，坐著的話會感覺比較親密，也比較有支持感。」

「沒錯，如果一切順利的話，照理應該會有下一個階段：跟男人一起坐下來，也許稍微遠離其他的人群。我們很快會進行到下個階段，也就是調情。」

莎莉深呼吸。

「放輕鬆，妳依然有喘息的時間。下次，我們會著重在妳的嘴巴和聲音。接著我們再來練習調情。現在，妳只要繼續練習，好好享受就是了。我們下次會面之前，我要妳複習到目前為止所學的東西，我也希望妳在家裡對著鏡子練習不同的眼神。接著，如果妳出門去，可以找機會在男性朋友身上練習，或者也可以找女性朋友來練習，然後看有什麼樣的回饋。如果妳在一群人之間，不在意自己受到矚目的話，妳可以練習掃描全場，這樣做很安全，也不必然會看起來有調情意味。妳走在路上的時候，可以對男人的身體做出掃描，只要那情境夠安全的話。」

「我會盡力來練習。」莎莉說道，還加上了她自己的性感訊號，對我拋了個媚眼。

Lesson 5

性感嗓音，
性感嘴唇。

嘴巴最能增添性感魅力；
帶有調情味的露上齒微笑、
迷人的舔嘴動作、掌握適合的音調，
讓吸引力百分百。

妳是否有朋友很抗拒別人的批評，需要別人點出來他的問題，而妳似乎就是唯一願意告訴他真相的人呢？身為性感魅力教練，我的夥伴史坦和我經常都會面對這樣的考驗。我的角色是幫助人們改善自己，但首先，必須有人跟他們指出來他們的缺點，用一種直接卻不傷人的方式。莎莉有很多缺點，但我和她到目前一起努力改善的缺點，都是比較容易改變的，今天就不一樣了。她的嗓音，不具備特別悅耳的音質，只是我們將會審視的幾個部分之一。我可不期待要讓她面對現實的那種殘酷。

　　在我們先打過招呼之後，我宣布：「今天我們要努力的是性感地使用妳的嘴巴，接著是讓妳的聲音變性感。」從嘴巴開始，意味著先遵循最少阻力的路徑，在我的經驗裡，這幾乎是最適宜的路徑。

　　「為什麼只強調嘴巴呢？為什麼不是一般的臉部表情呢？」

　　「我們等等會談論到一些臉部表情，而且我們之前也講過使用雙眼和牽涉到頭部與臉部的其他動作了，比如頭髮理毛、甩頭部、傾斜頭部。今天我們著重在嘴巴上面，因為使用得當的話，能非常有效地增添性感魅力。妳能想通為什麼嗎？」

　　「我猜想那是因為我們用嘴巴來微笑。」

　　「這是部分原因。微笑對傳遞出親和力和支持性的訊號來說是很重要的。妳可以想到還有什麼方法讓嘴巴和嘴

女人微笑的影響

研究顯示，女人比男人還常微笑。舉例來説，在一個實驗裡，安排一個人在校園裡面看著路過的人的臉孔，女人比男人還要容易對看著自己的人微笑。

為什麼會多多微笑？這不意味著女人比男人還要快樂，而是她們被期待要更常微笑，所以缺乏笑容的女性，對男人來説就沒有什麼發展前景。事實上，當女人的臉孔休息的時候，也就是在較為中性的情況下，通常看起來也比男人的臉孔還要正面。

對這個期待明顯有好處也有壞處。微笑可以讓女人更有親和力，但太多的微笑就會讓她感覺太過順從。在幾乎任何情況都微笑的女人，看起來就像是渴望討好他人的樣子，給人過於社交焦慮並缺乏自信的感覺。解決之道就是多多微笑就好，但要有選擇性的笑，比如在鼓勵男人親近妳的時候微笑，但是持續性的微笑只可以在對話中想要認真調情的時候才可以這麼做。

唇特別性感嗎？」

「妳是說親吻嗎？」

「沒錯。這並不是說妳必須親嘴才能變得性感，至少不是一開始就這樣。吸引男人的，是嘴巴暗示出來想要親嘴的那種感覺。沒錯，微笑能傳遞出親和力和對自己魅力的信心，但嘴巴也可以用來傳遞對性愛的興趣。」

「是啊，男人時時刻刻都想到性愛啊。」莎莉笑了。

「沒錯，不要低估單純一個微笑的力量。研究顯示，微笑是最常用來吸引男人的動作，也是讓他過來接近妳後讓他駐足的關鍵。所以我們會花很多時間練習微笑，我要妳一邊看著鏡子，一邊練習。」

「我盡量。」莎莉說：「但我應該讓妳知道我是很嚴肅的人，從我小時候開始，就不斷有人跟我說我應該更常微笑，這真的很煩人。並不是說我不常笑，但我想我應該不像大多數人一樣那麼常笑。」

「沒錯，有些人比其他人樂觀也比其他人還常笑。妳知道只要勉強自己露出笑容，就會讓自己感覺起來更樂觀嗎？在某些治療嚴重憂鬱症的醫院，有種器材可以讓病人放在嘴裡，強迫嘴巴擺弄出微笑的樣子達一段時間。妳知道嗎？強迫微笑可以讓人感覺較不憂鬱。」

「真的很有趣。」

「所以就算妳不是天生就喜歡微笑，更多的微笑能讓妳感覺更快樂，也讓妳更常笑。」

「我很願意試試。」

「好，依照牙齒露出的程度，可以把笑容分成三種。第一種是閉嘴微笑；開始吧，妳看著鏡子，然後閉嘴微笑。」

莎莉讓嘴角稍微上揚。

「這樣看起來很假。」她說。

「如果妳注意到了，那是因為妳嘴巴一邊比另外一邊還要高，而且妳的眼睛沒有笑容。妳說得沒錯，那笑容看起來很假。妳再試一次，讓笑容明顯一點，也要確保眼睛散發出快樂光芒。」

莎莉照做，看到了差異點了頭，「現在這樣看起來滿有神祕感的。」

「就是這樣，這也被稱作蒙娜麗莎的微笑或是了然於胸的微笑。這看起來很神祕，也暗示著妳對自己的魅力具有信心。」

「這該何時使用呢？」

「閉嘴微笑很適合初期階段，比如當妳自己一個人在派對四處看的時候。妳也可以在剛開始跟男人聊天的時候使用。我們來練習第二種笑容，妳需要露出上排牙齒（圖24）。」

莎莉看著鏡子試了試，她說：「不知道為什麼這看起來滿假的。

「那是因為妳的眼睛周圍沒有足夠的皺紋。妳可以試

牙齒不美怎麼辦？

妳想要露齒而笑，但卻因為牙齒雜亂或是怕露出牙齦而感到害羞。以下是我們的建議：

如果牙齒是問題所在，那對牙齒美容的投資應該會有所回報；這能讓妳對自己感覺更好，也可以預防齒骨流失。如果妳還沒注意到的話，近年來有不少成人帶著牙套到處走著。

如果妳笑的時候會露牙齦，那妳可以加以修正，不要把嘴唇太往後面拉動。牙齦不必露出太多，笑容也會有相同的效果。牙齒美容也能幫妳解決露牙齦笑容的困擾。

在這些問題解決之前，可以盡量使用閉嘴微笑。

著稍微抬高眼睛下方的臉頰肌肉，這會讓眼角有多一點皺紋，也會提高下眼皮，並稍微覆蓋住瞳孔的下半邊。」

莎莉照著我的指示做，再一次看了鏡子，「這看起來好一些，但仍然有點缺乏說服力。」她說。

「那是因為妳的臉和肩膀有點緊張。試著回想讓妳開心的東西，然後試著放鬆妳的面部肌肉和肩膀肌肉。」

為什麼微笑能讓每個人都開心？

　　核磁共振造影可以檢視腦部哪一個區域正受到刺激，近期使用這種方法的研究顯示，笑容對腦部有直接的影響，也可以增加多巴胺這種愉悅化學物質的產生。

　　舉例來說，心理學家保羅艾克曼和同事發現微笑可以刺激大腦中跟享受和愉悅相關的區域，但只有包括愉快眼睛的微笑會有這種效果；所謂愉快眼睛，就是臉頰肌肉提高造成眼角的皺紋（見《性格與社會心理學》）。

　　看著微笑的人也會在大腦產生類似的效果。神經學家杰歐德賀提和同事的研究顯示，看著有魅力臉孔圖片時，大腦區域會受到刺激而產生有正面效益的回應。如果有魅力臉孔、也有笑容，並且直視觀看者的時候，效果會更加明顯（見《神經心理學》）。

莎莉停下來，讓臉部和肩膀不要太緊繃，展現出了較有說服力的露上齒笑容。「我剛剛在回想我姪女跑來跟我打招呼的樣子，那真的讓我很高興。」

　　「那看起來幾乎就像個自然而然的表情，看起來頗有說服力。如果妳拍照的時候，那種表情會很有用。這種微笑也能有效表示出親和力和提供支持感。研究顯示進入派對時露出微笑，即便是稍微裝出來的，也可以刺激大腦的愉悅中樞。」

　　「那真的很有趣。」莎莉說。

　　「有個警告：如果妳想要有很棒的微笑，肉毒桿菌是禁止施打的。」

　　此時，莎莉笑了，更自然也更放鬆的微笑浮現在她的臉上。

　　「妳做得很棒！

　　「那我何時使用這種微笑呢？」

　　「露上齒微笑可以在跟男人眼神交換的時候使用；妳也可以在跟其他女人或是男人講話的時候經常使用。然而，在談話中經常使用露上齒微笑，再加上『快樂雙眼』（圖24），就比較帶著調情意味，很可能男女雙方都會使用。我們會在下一堂課介紹這部分。好，現在我們來練習第三種微笑，這種微笑會露出上排牙齒和下排牙齒（圖24）。試試看。」

　　莎莉把嘴唇往後移，露出上下排牙齒，「看起來真的

很怪。」

「有可能。微笑之餘，妳真的必須加上開心的整體感覺。試著使用快樂的眼神，頭部稍微抬高，想像妳自己聽到好消息，然後興高采烈的樣子。」

「我當初接到電話得知自己應徵上現在這個工作的時候，真的飛上天了，那是我一直想要的職位。」

「很好。那妳試著變出那種快樂的表情。」

莎莉咧嘴而笑，嘴巴張開的樣子就好像在說：「喔，哇！」

「真怪異，我居然能感受到當初的那種快樂情緒。」

「這很合理。」我告訴她：「妳必須真的感受到或是期待非常快樂的東西才能讓這種表情行得通。這種表情在男人臉上，尤其是時間太長的話，看起來會呆頭呆腦的，但在女人臉上效果就好多了，卡麥蓉狄亞就是好例子。兒童嬉鬧得很開心的時候，妳也會看到那種笑容。運動員大獲全勝的時候，人們歡慶新年的時候，或是在里約熱內盧嘉年華的照片上都會看到。當然了，當妳跟一位男士度過快樂時光的時候，這種笑容也很有用，因為顯示出妳真的跟他相處愉快。如果妳很開心，看起來就會是個很有趣的人，但這種笑容不是每種場合都適用。這種笑容會傳遞出對自己魅力有信心，還有具體親和力。」

「我懂了。」莎莉說。

「我們繼續吧。微笑很重要，但大都用嘴巴來傳遞出

圖24

快樂。

更快樂。

快樂又興奮。

對性愛的興趣。我們再回到鏡子前面，妳先試著噘嘴。」

「妳是說古怪的表情可以吸引到男人嗎？」

「不是，噘嘴不是惹人厭的表情，反而有點女孩味，因為小孩比成人更容易把嘴巴噘起來。妳看著鏡子，上下嘴唇靠在一起然後稍微往前突出，再把下嘴唇再稍微往前推一點。妳注意到這表情有什麼意思嗎？」

「看起來就像是我準備好親吻某人了。」

「很棒的觀察。這也會讓嘴唇看起來更豐厚、更引人注意。」（圖25）

「沒錯！」莎莉咯咯笑著說：「看起來有點蠢，但很可愛。」

「下一個訊號是種加強版的噘嘴，稱作嘴唇噘起。讓妳的嘴唇更往外突出一點，但下嘴唇不需要伸出來。」（圖25）

「這看起來絕對就像是我正要親吻一樣。」莎莉在嘗試並觀察鏡中自己後說道，「但如果我不是真的打算要親嘴，這動作不會很蠢嗎？」

「事實上，妳在環視全場的時候，可以使用這種表情。這看起來就像是妳用嘴唇噘起來說『嗯』一樣。」

「嗯。」莎莉說，試著想感受看看這種表情營造出來的效果，「我看過模特兒用過這表情。」

「當然，如果妳近距離跟男士說話，並把這表情和臉對臉結合在一起，那妳就絕對是在期待親嘴了。所謂的臉

對臉，就是把臉往前移，讓妳和他的鼻子相距大約十五公分。」

莎莉把臉移往鏡子的方向，她笑著說：「這下他可要親吻我了！」

「接著我們要用舔嘴唇來更進一步加強效果，妳可以在跟某個特定男人對看彼此之前使用這動作。妳試試看。」

莎莉很不自在地伸出舌頭往上嘴唇掃過。

「妳可以動作慢一點。」

莎莉又試了一次，稍微慢了下來。「好多了，現在用同樣的動作舔下嘴唇。」

「我注意到這動作會讓我嘴巴張開，這不會太露骨嗎？」莎莉嘗試過後問我。

「不會，妳會很驚訝，但除非妳重複動作好幾次，不然很可能不會受到注意。還剩下一個動作，就是用舌頭繞著嘴巴舔一圈。」

莎莉試了之後說：「我才不相信一般女性會這麼做！」

「還是一樣，莫妮卡摩爾的研究顯示，女人的確會這麼做。」

「這樣會性感的原因何在呢？」

「有幾樣原因。舔嘴唇會讓嘴唇看起來更加閃亮，也因此變得更迷人，這可說是天然的唇蜜。舔嘴唇下意識也

跟用舌頭把食物掃離嘴唇有關係，所以這跟愉悅感也會產生聯想。妳可以觀察當非常性感的女人從男人身旁走過，男人會有什麼反應，舔嘴唇是很常見的。」

「這動作就像是直接宣告『我覺得妳眞是美好得讓人很想舔』，感覺太低俗了。」莎莉皺著眉頭說。

「記得，這可不是妳大聲宣告『我喜歡性愛』。這只是身體語言，所以相對來講還是很含蓄的。此外，這也不意味著妳很隨便，而是代表妳對自己的魅力和性感很有自信罷了。」

「還有一樣特別的嘴巴訊號可以做。」我繼續說：「這讓效果又更進一步加強了。」

「我等不及了。」莎莉輕聲笑著說：「到底是什麼啊？」

「讓嘴巴保持輕微開啓的樣子一段時間。妳之前在舔上嘴唇的時候，嘴巴短暫開啓，但新的動作要妳維持久一點。」

「就像是用嘴巴呼吸的人一樣嗎？」

「不是，妳下巴不需要往下掉。只要讓下嘴唇放輕鬆，讓上下唇之間有點空隙就好了。」

莎莉看了鏡子，試驗了張嘴的各種方式。

「我嘴巴放鬆的樣子，看起來就像是兩片嘴唇懸浮著。」她注意到，「如果我讓嘴唇多點張力，看起來就像是噘嘴一樣，甚至更性感了。」

圖25

嘟嘴讓嘴唇看起來更圓潤性感。

翹著嘴巴就好像在說：「看看我的嘴，想親嗎？」

「如果妳眞的想要加強效果，那可以試著稍微讓眼皮低垂著。」

莎莉照我的要求做，「哇，這看起來眞的像是勾引動作！但我不太確定何時該使用。」

「只有在妳眞的希望別人跟妳攀談，妳才在嘴唇分開的時候讓眼皮輕微低垂著。這看起來很性感，也絕對像個勾引的動作（圖26）。但有些女人幾乎任何時候都會讓嘴唇稍微分離，這眞的能讓人注意到自己的嘴唇，看起來很有魅力。所以說眞的，妳剛剛的問題改成何時不需使用會更爲恰當。我給妳的答案，工作的時候或試著讓自己受到嚴肅對待的時候，這樣的動作可能不是很適合。」

「所以妳是說讓雙唇稍微分開這個動作，應該包含在我的日常表情中嗎？」

「只要妳覺得自在就可以。不然最起碼的，就是妳應該在想要跟妳覺得有魅力的男性有夠多的互動時，便常常使用這種表情。我希望妳到當地的咖啡廳，嘗試這三種不同的笑容：閉嘴微笑、露上排牙齒的微笑、上下排牙齒都露出的笑容。我也要妳練習下面這些嘴巴的動作：輕微嘟嘴、嘴唇噘起，如果妳敢的話可以試著舔嘴唇、稍微打開嘴巴。觀察看看妳會得到什麼反應。我們一個小時候再見。」

「眞的很有趣。」莎莉從咖啡廳回來之後說：「我嘴巴閉著微笑走在路上，有很多人看著我也對我微笑。我在

櫃台付帳，說謝謝的時候，露上排牙齒微笑，店員也回報我一個大大的笑容。當妳微笑時，全世界也對妳微笑，我想這應該是真實無誤的。」

「那其他的嘴巴技巧呢？」

「我之後再來多練習這些技巧，畢竟它們冒險多了。每次我舔嘴唇的時候，我注意到有個男人，我總是要把眼神移開，因為他感覺就要來跟我攀談了。我覺得嘟嘴滿好笑的，所以沒有練習。至於嘴唇稍微分開的效果如何，我還沒有確切答案。我等待點餐的時候，似乎有幾個男人往我這裡看，但或許這也是因為我對男人的反應更加注意，而且我也不能確定是嘴巴的動作還是其他部位的動作造成的效果。我是說，我覺得自己新的體態、走姿等等也會獲得男人正面的關注。」

「如果妳是說嘴巴是比走路還來得含蓄的性感訊號，那也沒錯，但不要低估了嘴巴的力量。」

「好消息是這些動作沒有改變走路方式那麼困難。」莎莉補充說道，「這些幾乎不需要任何練習。」

我覺得自己逐漸焦慮了。我們接著要改善的是莎莉的聲音，而對她的聲音需要做出很大的努力。我覺得當教練最具有挑戰性的一個部分，就是要學員面對自己很難改變的缺點。我深呼吸了一口氣。

「如妳所知，這堂課的下個部分，我們要學習如何使用聲音來散發並提高性感魅力。妳隨性想一下，妳能告訴

口紅的力量

使用適當的化妝品可以加強嘴巴的外表和性感魅力。

有機會就擦上唇蜜，這能讓妳嘴唇誘人。至少，可以在嘴唇上塗護唇膏來保持溼潤。乾裂的嘴唇讓人很掃興。

妳可以用各種妳感覺舒服的口紅顏色，即便是大紅色。要注意有些男人不喜歡女人看起來有化妝，所以更中性的色調是比較好的選擇，晚上時段除外。

唇線筆可以引導妳該如何擦上口紅，也可以稍微修飾嘴唇的形狀。但不要太過誇張，免得嘴唇看起來很假，看了就不想親。

盡量在私底下擦口紅。雖然在某些情況下，把化妝包拿出來，性感地擦上口紅，可能會讓男人興奮，但嘴巴有更好的使用方法，能讓妳更為性感。大部分情況下，擦口紅還是應該在化妝間進行。

圖26　張嘴、眼皮低垂、勾引人的表情。

我爲什麼聲音對性感魅力來說很重要嗎？」

「這問題很簡單。」莎莉說：「有些女人像凱瑟琳透娜一樣有性感的嗓音，我有個女性朋友在她電話答錄機上的留言眞的性感極了。但我不知道她們有什麼訣竅，也不知道我是否可以有較爲性感的嗓音，畢竟這嗓音跟著我很久的時間了。」

「這不會太容易。」我承認，「但只要妳一直練習等

一下我們會學的技巧，四、五個月以後，就會開始注意到不同的地方。聲音的品質有部分是天生的，所以妳的聲音可能永遠都不能像凱瑟琳透娜一樣，但妳絕對可以更有效地使用自己的嗓音。首先，我們必須談談妳一般的說話聲音。」

「我這邊麻煩真的大了。」莎莉說：「我的嗓音不會特別性感。」

如果當事人能認清自己的問題，那就比我幫她指出來還簡單許多，所以我對莎莉的自知之明鬆了一口氣。「我們先聽聽妳在上堂課錄影帶的聲音，把畫面關掉，妳聽聽為什麼自己會這樣說話。」

在聽了一段時間以後，莎莉扭曲了一張臉。「我聲音破破的，也不太有自信。」她喪氣地說。

「沒錯。妳習慣用高於妳音域的音高來發聲。最適宜的音高，是人在強調想法或是表達情緒而提高或降低音高之後所回到的聲音層次。妳的嗓音會破音的原因，就是妳通常的音高基準設定得太高了，而且妳的聲音沒有很有共鳴。」

「所謂的有共鳴，妳是說跟廣播或是電視新聞播報員一樣嗎？」莎莉問。

「沒錯，我指的就是豐厚的聲音，有很多的泛音混雜其中，聲音是從講話的時候放鬆的聲帶而來。事實上，我注意到當妳放鬆的時候，比如當我們剛開過玩笑或是妳對

自己有信心的時候，妳的音高就會下降，妳的聲音聽起來也比較放鬆。」

「但我緊張的時候該怎麼做呢？」

「首先妳應該用妳的橫隔膜呼吸。妳還記得嗎？我們在第一堂課的時候說過。」

「是啊，我練習了一段時間，但後來又忘記了。我需要在自己一個人的時候，繼續練習深呼吸。」

「沒錯。妳也可以使用錄音器材來監測自己的聲音品質，來看看當妳練習深呼吸的時候有多大的不同。妳也可以提醒自己要『呼吸』。此外，妳愈讓自己的身體放鬆，妳的聲音就會愈有共鳴。深呼吸可以幫助妳放鬆。」

「我不是只有在緊張的時候聲音會提高，我興奮的時候也會，我不想要犧牲興奮的情緒啊！」

「妳不需要放棄自己的熱情。重點在於要以最合適的音高為基準來提高或降低音高。改變音高是讓人們聲音有抑揚頓挫，以避免單調的主要方法。」

「我懂了，但我要怎麼弄清楚自己最合適的音高在哪裡？」

「如果將妳最高的聲音和最低的聲音差距分成四份，那妳的最合適音高就在距離最低音一份的地方。妳花一分鐘來放鬆自己身體，深呼吸……可以開始講話了。」

莎莉試了試，「我很驚訝，這比我平常說話的聲音還低，而且也比較有共鳴。」

「因為這跟妳的最高音高相比還滿低的，所以大多數音高的變化都是往上提高，但也有一些會往下。」我補充，「聲音變化對溝通來說非常重要。這能保持聽話者的注意力，也可以營造出聰明、友善、值得信賴的形象。」

「聲音變化只能透過改變音高來達成嗎？」

「不是，也可以改變說話的速度、響度、聲音品質，但音高是最主要的。我們來試試看。」我說，遞給莎莉一本兒童故事書，「我要妳想像自己在讀個故事給姪女聽，重點在於妳要讓自己的聲音有所變化。」

「傑克與豌豆如何呢？」

「太好了。妳想像自己在哄著她入睡。」

莎莉開始閱讀那個故事。她用稍微低沉的聲音來詮釋賣豌豆給傑克的男人；傑克的母親知道兒子用乳牛來換取豌豆後很惱怒，她用高音、快速、響亮的聲音來代表；適中的低沉聲音用來演繹巨人的老婆；非常低沉、粗嘎的聲音則在巨人說話的時候使用。當傑克躲起來不讓巨人找到時，她用氣音，幾乎就像是悄悄話一樣，來描述發生的事情。當傑克逃脫巨人，然後把豌豆莖給砍掉時，她的聲音音調上揚，語氣急促，來表達興奮之情。當傑克回家和母親團聚時，她的聲音愉快，音高較之前低，速度也比之前緩慢。

「妳看吧，妳能做到的！重點在於放輕鬆，然後控制妳自己的聲音。」

「我試著用橫隔膜來呼吸。」莎莉說道，她的聲音上揚，充滿歡愉。

「有個方法讓妳在家裡練習發聲，就是朗讀書本或是報紙上的段落，記得要使用放輕鬆的聲音，朗讀的聲音要能引起聆聽者的興趣。妳可以錄下聲音，並播放出來，聽看看自己是否有進步，這很重要。」

莎莉說：「好，我會照辦。」

「妳今晚就練習看看，再跟我報告結果。至於現在，最重要的就是要避免破音。破音是因為妳的基準音高對妳的最適宜音高來說太高了，沒能放鬆的聲音品質也難有共鳴。但我說的不是刻意降低妳的音高，只要能掌握住最適宜音高就好了。」

「也許我的聲音在練習過後會更吸引人，但我要怎樣讓聲音更性感呢？」莎莉問。

「有個選擇是使用比平常還低的音高，最好是稍微比最適宜音高還低一點。」

「就像凱瑟琳透娜，或是慾望城市裡面的莎曼珊一樣？」

「或是像是古墓奇兵裡面的安潔莉娜裘莉、金牌製作人裡的鄔瑪舒曼。不管怎樣，妳懂我的意思。我現在要打開錄音機，妳試試看。」

莎莉聲音降低，她說：「我要假裝自己是鄔瑪舒曼，講話會非常……緩慢……聲音低沉、性感，不會太……太

大聲。」

「很棒！」我笑了，「但妳不能一直使用這種語調，不然妳聲音會太緊繃。」

「所以我應該何時使用呢？」

「也許在吵雜的酒吧裡面，或是接電話的時候，或者錄製答錄機上面留言的時候，這樣男人打電話來，他首先聽到的聲音就是性感的嗓音。」

「有個我認識的人，她答錄機上的留言聲音就非常性感。」接著莎莉試了試，「你好，這裡是性感的莎莉住處，我非常……非常地性……感。」

我們都笑了。「我不知道我是否會用這種語調，這有點太過火了，可能會把男人給嚇跑。」莎莉說。

「妳剛剛為了幽默效果而發出來的聲音，是有點超過了，但這接近所謂柔美流暢的聲音。這牽涉到很多聲音的變化，也有不少拉長的聲音，就像『早……你……好……嗎……』這種聲音只有在強烈的情緒連結已經建立的關係下適用，用在其他關係時，感覺起來會太過濫情與諂媚。妳再試一下氣音，就像剛剛妳閱讀故事那樣。」

莎莉用了氣音，但聲音沒有拉長，她說：「你好，抱歉我現在不能接電話，但如果你留下訊息，我會回你電話。」

我們聽了錄音，莎莉很驚訝，她說：「這聽起來有點撫慰人心的效果……也許我可以在第一次約會或第二次約

會的時候使用。」

「好，現在我們來討論今天議題的最後一項，也就是如何在妳來我往的對話中使用妳的聲音。具體來說，我講的是協調妳和另外一個人的對話，這可能比妳想像的還要簡單。重點在於進行平順流暢的對話，這樣兩個人都會覺得自在，就像是兩人風格的相契合。」

「這對我來說是個困難，尤其是跟男人在一起的時候。有時兩人間會有靜默的時候，感覺挺尷尬的。有時候我太興奮了，開始滔滔不絕，跟我聊天的男人只好往後坐聽我說話。還有件事情偶爾會發生，就是我會不經意打斷男人的談話。」

「妳能意識到這些事情真的很好，因為妳說得沒錯，靜默、只有一方不斷講話、打斷對方說話都不太好。據研究顯示，可以在聆聽和說話之間轉換自如的人，他人也愈肯定這類人的整體溝通能力。這比其他單一的會話行為都來得重要，比如顯示妳正在聽的訊號，或是每次妳說話的內容都很有趣。」

「所以我要怎麼知道何時說話、何時聆聽呢？」

「一般來說，每個人應該有一半的說話時間。所以如果妳一直講個不停，他很可能會透露一些線索，暗示妳已經快要喘不過氣了。舉例來說，他可能開始較為快速地點頭，或是重複說著『嗯哼，嗯哼，嗯哼』，就好像在說『快一點說完吧，換我說了』，或者他還真的會明白說出

該留意的聲音特質

聲音和發聲專家保羅海恩伯格（《大聲閱讀》、《大聲說話的聲音訓練》）描述了一些怪異或是不吸引人的聲音特質。如果妳經常使用這些特質之一，妳可能要尋求聲音治療師的協助。

海恩伯格把帶喘息的聲音和沙啞的聲音列為不受歡迎的類別，雖然如果選擇加以使用，這種聲音也可以很性感。

其他不吸引人的聲音特徵包括：平板的聲音（缺乏豐富的共鳴，音高也很少變化）、刺耳的聲音（大聲而且音高過高）、鼻音（聲音從口腔太高的位置發出，就好像是從鼻子發出聲音來一樣）。

另一方面，最有吸引力的特質包括：

❤ 清楚的咬字。

❤ 有很多泛音，豐富有共鳴的聲音。

❤ 在最適宜音高附近有適量音高變化的聲音。

口。」

「那確實在我身上發生過，但我忙於思索自己接下來要說些什麼的時候，經常會沒意識到對方的暗示。」

「所以妳現在就知道要注意什麼了。當然，如果他也說個不停，妳也可以做出同樣的事情。知道對方何時已經把話說到一段落則比較容易，句子結束的時候音調可能會下降；或者有時候問題提出來了，通常妳會被期待要加以回答；有時候，對方會直盯著妳看，並停止使用手勢。」

「這有點像是嘎然而止，就像是藉由降低音量或停止手勢來放掉球一樣。」莎莉說。

「這是不錯的聯想，值得記在心裡。現在我們來進行最高階的聲音協調。」

「那是什麼？」莎莉問道。

「這稱作聲音配對或溝通適應，也就是說人們在各個方面調整自己說話風格的方式，如聲音、用字、身體語言等等。所以妳認為妳怎麼配對自己的聲音？」

莎莉想了一會兒，「講話的速度是其中一樣。如果有人講話連珠炮，另外一人講話慢吞吞，那真的會很奇怪。此外，妳也會調整說話的音量。我曾經認識一個男人，一個很好的男人，但他隆隆作響的聲音真的就像是外星球來的，真的會把人嚇跑。」

「妳說得沒錯，但還有其他幾樣事情。妳也可以隨著他人講話的節奏而做出調整，舉例來說，如果他在思考的

時候停下來一兩秒鐘（通常會短暫看往別處），妳可能也會採取相同的節奏。另外一樣是每個人講話的長度，隨著時間經過，兩人說話的長度應該會趨於一致，而且跟談話主題的嚴肅程度有關。最後，妳也可以調整聲音變化的量，最主要是在音高的起伏。」

「這感覺還滿複雜可怕的。我不確定可以同時考慮那麼多，畢竟我還要思考自己接下來要說些什麼。」

「對話進行下去後，妳就不會那麼費勁了。記得，重點在於妳所說的要跟他之前的評論有所連結，妳可以做出自己的觀察，或者將他剛剛說過的話再更詳盡說清楚。只要妳全神貫注，妳所要做的，就只是配合他人的說話風格加以調整，這會自然而然發生。跟男人說話是這樣，跟女生說話也可以。我們練習一下，我先開始，妳來配合我。」

「妳最近都在忙些什麼啊？」我興高采烈，節奏快速地問她。

「嗯，我一直在觀察其他女人，看她們怎樣使用性感訊號。」莎莉回答的時候速度比較緩慢，語氣也比較平穩。

「很好！」我故意在好這個字上音調上揚又下沉，接著又很快問道：「妳觀察到了什麼？」

莎莉注意到我講的整句話比她自己的陳述還要快速。

「我懂了。」她接下來開始用較快的速度說話，聲音

也有較多的變化，「事實上，我一直在觀察女人走在路上的樣子，相信我，她們絕大多數都至少會搖擺著臀部，有些人甚至在跨出去那腳的另一側臀部也會往外突出！」

我回應的時候談到這種走路姿態比另外一種還不常見，但妳還是能看得到，尤其這在歐洲會比在美國還常見許多。

「現在妳是在跟我陳述的長度做出配合。」

「妳跟上了。」我們接著談論更多事情，在某個時候我還降低音量，彷彿在跟她講述關於性感魅力的祕密一樣，莎莉也拷貝了我的音調。

「所以我跟男人講話的時候也是這樣做，沒錯吧？」

「沒錯，但不要在剛開始的時候。接下來我要告訴妳的事情妳會很喜歡。當妳跟男人說話的時候，我希望妳可以奪回一些力量。」

「怎麼奪回？」

「對話剛開始的時候，我不要妳向他的說話風格靠攏，不論是快速、慢速，有點大聲或輕聲，還是其他情況，這樣會太順從了。就好像剛開始笑容過多一樣。事實上，如果妳心情不錯，想要熱烈跟他聊天，那妳可以觀察看看他是否會配合妳的聲音。但如果他沒有配合，或者他只稍微配合妳的熱烈情緒，那妳可以稍微放慢速度，更接近他說話的速度和聲音的變化，但不要完全配合著他。事實上，如果雙方的談話風格有互惠，那每個人都會或多

或少調整自己的聲音，這很理想，也代表事情進行得很順利。妳可以逐漸讓自己更配合他的聲音。」

「所以妳是說剛開始的時候我應該控制步調，他應該跟隨我的步調，我喜歡這樣。但如果我沒辦法讓他配合我的聲音呢？」

「那代表他不夠圓滑，或者他對妳不夠感興趣，很難判斷是哪種情況。但妳可以用神經語言程式學的技巧來決定自己是否要再給他一次機會，這技巧稱作『定速和引導』，妳可以用自己的聲音，甚至妳的肢體動作密切配合著他。如果妳跟他的聲音已經很一致了，但妳希望兩人對話能更有能量，那妳可以逐漸開始增加對話的速度，用更多的聲音變化，來觀察看看他是否開始更配合著妳。」

「妳可以示範一下嗎？」

「好。我會……開始……無精打采……地說話。」我用緩慢單調的聲音說：「現在……妳看看……妳是否可以……配合著我。」

「真的……很難……配合著……妳的聲音。」莎莉用同樣緩慢並且缺乏活力的聲音回應。

「妳現在逐漸地加速。」我建議她。

莎莉繼續說話，問了些問題，對我說的東西做出回應，聲音快速了些，也有較多的音高變化。雖然這只是練習，我很自然地回應，讓我的聲音添加了多一點活力。

「這效果真的太酷了！」莎莉說道，「我也注意到當

我們開始讓聲音趨於一致的時候,我們手勢的活力也有了變化,而且我們靠彼此愈來愈近了。」

「妳的觀察真的很敏銳,妳真的是個好學生!事實上,下次課程我們會提到關於調情的模仿和其他種類的同步現象。」

莎莉倒吸了一口氣,「我們就要學到調情了?」

「是啊,妳已經進入訓練過程的收尾階段了。明天我們會跟史坦一起上課,妳要做好準備。」

「天啊……我必須跟男人一起練習?」

「這離真實情境又更往前邁了一步,沒錯,會跟男人一起練習。」

「就要置身於狼群之中了?」莎莉笑中帶點緊張。

「這只是角色扮演,史坦以男人的標準來說,並不是狼,他會在這裡幫妳走出困境。不要緊張,妳會習慣的。妳只要複習到現在為止學到的東西,記得妳明天盛裝打扮,就像是要出門會見某人一樣。」

「妳會玩得很開心的。」我補充說道。

「我願意賭上一把。」莎莉說,她跟我的音調和語氣幾乎配合得天衣無縫。

Lesson 6

男性訊號
和求愛的順序。

求愛的序列可以簡化成四個步驟：
談話、轉向、觸摸、同步，
利用所學到的各種技巧，
發出吸引男人的性感訊號。

莎莉過來上課的時候看起來有點緊張。史坦站起來跟她打招呼，她害羞地對他露出微笑。

　　「史坦，這是莎莉。莎莉，這是史坦。史坦是身體語言的專家，也是我的教練夥伴。既然我們要學習調情，史坦會藉由角色扮演來幫助我們，他也會當教練來指導妳。」

　　莎莉的身體稍微放輕鬆了。

　　「這可能會是我們最長的一堂課，因為我們目前所努力的一切，都是為了今天課程主題而來。所以我們在演練實際的邂逅時，會複習妳學過的那些性感訊號。妳很快就會看到，調情說穿了，就是將性感訊號和與妳伴侶的理毛動作相協調，並且納入求愛序列的元素。」

　　「那是什麼？」

　　「那是可以預期的互動過程，能告訴妳事情是否照著妳的期待順利進行。」

　　「妳是說，解讀男人的訊號嗎？」

　　「不只是解讀訊號，而是學習如何反應來得到妳想要的回應。」

　　「那是我最迷惘的地方，所以這應該會很有幫助。」

　　「好，我們開始吧，我會讓這過程盡量逼近真實情境。當妳試著認識某人的時候，最常見到的情節是？」

　　「我之前經常去酒吧裡，但我覺得在派對裡面會更自在。我有很多單身的朋友構成了很大的社交圈，所以經常

有派對可以參加。」

「很好。假裝這個房間正在舉辦派對，我們來角色扮演模擬調情的場景。妳先花一分鐘來想像音樂、人群、參與派對的心情。」

莎莉閉上眼睛一下子，「好了！」

「我們從頭開始。妳進入室內。假裝妳正前方，離入口處一段距離處有個吧台，餐桌則在吧台左邊。妳會站在哪裡，會怎麼站呢？」

「我可能會在餐桌處拿東西吃，然後到吧台拿酒喝來平穩緊張的情緒。這也能讓我有事情可以做。」

「做給我看看。」我告訴她。

莎莉的姿勢有點無精打采，拿著想像中的食物和飲料，然後走到屋內的左邊，背靠著牆壁。她雙腳併攏站著，兩隻手都拿著想像中的食物和飲料，她的雙眼往下方看。當我想要干預的時候，她大概意識到自己的動作不太對勁的，所以調整了姿勢，但眼神依然朝下。

「我通常會這麼做，如果我記得調整自己的姿勢的話。」

「妳能記得調整自己的姿勢，這很不錯，但妳這樣依然不會引起他人的關注。我們再試一次，這次要使用遊行走姿。然後我們跳過食物吧，妳雙手都拿東西會讓自己變得更不容易親近，也會讓妳分心難以環顧全場，而且如果有人過來跟攀談，也不容易做出手勢。」

我叫莎莉回到入口處，在挑選要站在什麼地方的時候，使用遊行走姿。「記得，遊行走姿會讓人注意到妳身在此處，也會讓人注意到妳想要受到關注。」

　　她頭抬高，沿著想像中位於吧台旁邊的走道走，跟之前一樣，在右邊的牆壁旁停了下來。這次，她記得要以更有魅力的姿態站著，重心放在右腳上，手放在右邊臀部，左手拿著飲料。

　　「這樣好多了，但是妳如果一直杵在牆邊，是不會得到太多注目的。妳往外出來一點，離室內中心處靠近一些。」

　　她移動了位置，讓人一進場往酒吧的位置望過去就能看到她。

　　「到目前為止都不錯。」我告訴她，「此外，我要妳觸摸著自己。」

　　莎莉停下來，用右手手指的尖端部分，上上下下輕柔地摸著左手臂。

　　「很好！那妳現在觸摸著其他東西。」莎莉觸摸著想像中的酒杯，笑了出來（圖27）。

　　「你覺得怎樣呢？」我問史坦。

　　他點頭表示同意，「她看起來有自信、很性感、很有親和力，真的很棒。」

　　「現在我們要叫史坦移到那裡，手拿著飲料，站到入口處左邊，在餐桌附近，他會是妳的目標。我要妳環顧全

圖27　莎莉用性感姿態和撫摸酒杯來吸引注意。

場，檢視看看有誰在場，然後覺得妳可能對誰感興趣。」

莎莉很快從左到右環顧全場，往史坦看，咯咯笑了後又把眼神移開。「我通常會這麼做。」莎莉說道。

「好，這也是我們必須做出改變的。」我說：「當妳環顧全場的時候，妳看起來就像是探照燈一樣，不夠聚焦。我希望妳可以往幾個方向看去，注意到史坦之後，繼續掃描全場，然後再把眼神移回到他身上。」

莎莉更加緩慢、從容不迫地掃描全場，但當她引起史坦的注意時，她咯咯笑，又把眼神移開了。

「你覺得怎樣，史坦？如果你正在跟別人聊天，你會注意到莎莉看著你而且咯咯笑嗎？」

「我這次可能會發現，因為她後來又往我身上看。」

「你覺得莎莉釋放出什麼訊息呢？」

「她對我絕對沒有興趣。」他說。

「為什麼？」莎莉問道，有點意外。

「因為妳幾乎沒看著我。」

「也許只是因為女孩嬌羞罷了。」莎莉防衛地說。

「也許這是真的。」史坦說：「但男人對自尊投資甚多。記得，他們通常都是主動接近目標的，所以他們要承擔的風險很高，如果妳看起來興趣缺缺，他們就會覺得妳不感興趣。」

「有沒有什麼辦法讓女人主動接近目標呢？莎莉問史坦，「畢竟現在是二十一世紀啊。」

「是有一些方法。妳可以想辦法離我更近；在這種情況下，妳只要從餐桌上拿一些食物就好，免得雙手拿太多東西，也避免讓人以爲妳對食物最有興趣。接著妳可以站在那裡環顧全場。這樣一來，我可能會注意到妳，還以爲是我自己發現了妳的存在！」

莎莉笑了。

「如果男人沒在跟其他人聊天，而他往妳的方向看的時候，那接近他的另外一個方法，就是反看回去，對他聊一些妳對於這個派對的看法。」他繼續說道，「這些策略都可以在不同情境下獲得成功。可以是在酒吧櫃台旁坐下；或是在小吃店裡坐著的時候；或者在郵局排隊的時候，妳也可以稍微往前面的男人靠近一點。重點在於妳跟他的距離要比平常還近，讓他人意識到妳的存在。」

「我不知道我是否有足夠勇氣主動跟對方攀談，但如果要讓他人注意到我應該會比較容易，這樣我就不必先開口了。」莎莉說。

「好，我們試試看。」我告訴她。

莎莉穿越室內，以遊行走姿走著。史坦在她走路的時候短暫看了她一眼。她接著拿起一小塊想像中的食物，到處走動，面向屋內的中心處，繼續環顧著四周。史坦大概離她有一公尺多的距離。他轉向她的方向，說：「派對辦得不錯。」

莎莉往我這裡看，就像在問：「我現在該怎麼辦？」

「妳讓對話進行下去就好了。」我告訴她。

「派對不錯！」莎莉回答：「我之前去過約翰的派對，但我沒見過你。」她往我這裡看，說：「這沒我想像中的困難。」

「另一個方法更簡單，如果妳感興趣的男人在一群男人之間，而妳認識那群裡面的其他人。」史坦補充，「妳可以走去那裡，看著妳認識的男人，加入他們那群人，然後用眼角餘光看著妳感興趣的人，暗示出妳想跟他聊天。如果他也有興趣，他會找機會跟妳攀談的。」

「我應該可以這樣做。」莎莉說。

「很好。」我告訴她：「但在某些情況下，妳可能沒辦法讓自己接近妳感興趣的男人，所以妳需要發出訊號，用一種含蓄但有力的方式，暗示他過來跟妳攀談。此外，讓他過來接近妳也有特別的好處。這是種較有女人味的誘惑方式，如果他真的過來了，妳就能確定他對妳也有興趣。」

「事實上，擁擠的空間，比如酒吧，對邂逅他人是有其優勢的。」史坦說：「即便妳必須想方設法才能夠靠近妳想要的男人。此外，有很多人但空間太小沒地方坐下的地方，也很適合讓單身的人認識單身的人。」

「所以我要怎麼做呢？」莎莉問。

「我要妳回到原來的姿勢，擺出誘人的站姿。」

她照我的指示做，站著的時候臀部外移、頭抬高、肩膀後移。

「好，現在我們用第一名的性感訊號來吸引更多的注意。」

「那是什麼？」

「頭往後仰，用手指梳過頭髮。」

「這滿容易的。」莎莉說：「我來試試。」

她頭部往後甩的同時，以一種迷人的姿態用手指梳過頭髮。

「看起來棒極了。妳現在環顧全場，當妳看到史坦的時候，召喚他。」

「我說『嘿，小可愛，你過來這邊』嗎？」

「嗯，這是妳要傳達的訊息，但我希望妳可以用眼神來傳達。」

「我懂了。」莎莉說，她微笑著快速用斜眼瞄了史坦一下，然後眼神移往他處。

「意思對了，但可以持續久一點，大概三秒鐘。」

莎莉用更長時間來瞄了一眼。

「她表現如何呢，史坦？」我問。

「不算太差，但如果我忙著跟別人說話，可能不會注意到她的動作。」

「那我該怎麼做呢？」莉莎問。

「妳可以用眼角連續看著他兩、三次。」史坦建議。

莎莉試著連續那樣子看著他，每次中間都短暫休息。

「那看起來真的很棒，接著我們給他個雙重重擊吧！

妳先看著他三秒鐘，這時不要有笑容，然後看著地上，接著再微笑看著他，持續三秒鐘。」（圖28）

莎莉試了這個更具召喚他人、更具挑逗性的版本。

史坦笑了，「我確確實實被妳召喚了。」他開始向莎莉走去，在一秒鐘之內掃描她全身上下，從臉到腳，再從腳到臉。

「他剛做了什麼？」我問莎莉。史坦在往莎莉的方向走去時，停在半途，等她先回答問題。

「他檢視了我的身體，這是好的信號嗎？」

「沒錯，絕對是。但妳注意到那速度很快。如果掃描過程持續好幾秒鐘，或者如果史坦把焦點放在某個身體部位，比如胸部，那真的很讓人掃興。我們都看過男人這麼做，這真的讓人毛骨悚然。」

莎莉猛烈點頭表示同意。

史坦已經接近莎莉了。

我告訴她：「他在掃描過妳身體以後走過去跟妳攀談，這是很好的跡象。好，我們從頭開始，再來一次召喚的動作。」

我在史坦耳邊悄聲說：「史坦，我希望你可以伸出手來，我想知道她是否記得適當的握手姿勢。」

史坦照做了，莎莉練習了身體掃描，先看上、看下，再微笑看上。史坦又過來接近她，伸出了手。

「妳好，我是史坦。」

　　莎莉向史坦伸出了手，用標準的手掌對手掌的姿勢來握手。

　　「不、不！」我告訴她，「這樣太像商務人士了。記得妳學過的，伸出手的時候手心向下嗎？」

　　莎莉再度伸出手來，就像我教她的那樣。「這樣看起來有女人味多了，也比較神祕。」史坦說，莎莉也同意。

　　「你好，我是莎莉。」她說：「你在這派對玩得愉快嗎？」

　　「妳試著問開放式的問題，不要那種可以用是和不是簡單回答的問題，這樣才能讓他有機會多跟妳聊聊。」我提出建議。

　　「所以你和約翰還有瑪麗是怎麼認識的？」莎莉問，然後往上看。「我真的不知道這些情況下要說些什麼。」她承認。

　　「這是很普遍的擔憂，因為人們總覺得自己應該想出很睿智或是很刺激的話語。」我告訴她：「但事實上，當妳剛開始跟某人說話的時候，最好現聊一些基本的家常話題。談論周遭環境是不錯的選擇，因為那是你們共同的話題。」

　　「但這樣不會太乏味嗎？」

　　「並不盡然。聊一堆話題的目的，是可以認識對方，也可以探索出兩人共同點的可能。有時候看起來滿有魅力的人，聊過以後可能就沒那麼有趣，但有時候他或她反而更有趣了。此外，雖然你們不一定在談論什麼特別有深意

圖28　急瞟召喚的動作序列。

的話題，但身體語言就能傳遞出很多訊息了。」

「比如說？」

「比如說妳是否對他感興趣？他是否也對妳有興趣？這是否是可能發展成情愛關係的邂逅？或只是朋友間的閒聊？妳繼續跟史坦聊，妳就知道我的意思了。」

莎莉和史坦交換基本資訊的時候，莎莉的手勢太過集中在側面，所以我碰了她的手肘提醒她手勢要放在身體前方。我也提醒她好幾次在說完話後，要回復到挑逗的姿勢。

她聆聽時候的問題多了些。雖然她保持了很多眼神接觸、經常點頭，常用臉部表情來應對史坦說的話，但她並沒有用雙眼來表達她的興趣。

「妳從莎莉那裡得到什麼訊息？」我問史坦。

「嗯。」他對著莎莉說：「妳看起來很有魅力，跟妳聊天很有趣，妳也是個不錯的聆聽者。但我不覺得妳是真的在跟我調情，因為妳沒用眼睛吸引住我。」

在提醒莎莉可以用不同的方式來使用自己的雙眼後，她練習了睜大雙眼、眨眼、頭部傾斜、保持微笑、眼睛眨動等表情。

「這感覺起來還滿荒謬的。」她不悅地說。

「等妳開始對話後，這就會合理許多，所以妳繼續跟史坦聊天吧。先從眼睛睜大開始，然後逐漸換到眨眼和頭部傾斜。」

「這真的很難。」過了一會兒後她說：「我也一直忘

妳說「你好」之後要說些什麼？

　　如果妳在開始聊天的時候沒有特別風趣的話要說，妳最好連張嘴說話都不應該，對吧？錯了。人們第一次見面的時候，會聊一些瑣碎的話題來暖身，通常會有特定的順序。

　　在交換名字之後，最方便的第一個話題，就是跟周遭情境有關的事情。可能是對環境的評論，對正在舉辦的派對，你們現在所在的酒吧，或是提議哪道前菜特別好吃等等。通常，都會聊到為什麼來到這裡，比如是怎樣認識主人的，但希望不是「你常來這裡嗎」這種問題。也可以評論某些人的外表，這讓妳知道對方可能是怎樣的人。舉例來說，如果有人的T恤印著「阿姆斯特丹」，妳可能會問：「你覺得荷蘭如何呢？」

　　最常見的第二個話題，就是對方目前的住處。這話題會導引到彼此來自何方的討論，或者之前住在哪裡等等。

　　接下來一個合理的話題，跟彼此「做」的東西有關，也就是正在從事的職業、打算從事的職業或正在接受的專業訓練。這也能進展到關於目前活動或是目前計畫的討論。

　　最後，隨著對話的進行，也可能討論到彼此的興趣或者最愛的活動，雖然這很可能是之前三個話題的延伸。如果討論進行順利，那每個主題彼此都會跟對方分享些事情。

記我想要說些什麼。」

「沒有關係，妳只要繼續努力就好。剛開始會有困難，因為要同時注意眼睛的動作與談話的內容，但妳愈練習，就會愈自然。」

在以有點太過火的方式來用雙眼調情之後，莎莉說：「我辦不到。我覺得我就像是拜金傻妞和妓女的混合體。」

「嗯，我們來看看到底妳表現得如何。」我放了錄影帶，莎莉很驚訝她看到的東西。

「這看起來真的很棒。」她終於承認：「我的那些眼神似乎讓史坦一直注意著我，他也一直面露微笑，我想這應該是好事。」

「這當然是好事。」我告訴她：「保持微笑真的是個好徵兆，代表他有跟妳發展浪漫關係的期待。妳準備好繼續了嗎？」

莎莉和史坦繼續聊天。她練習眨眼的時候，她下意識地把自己的頭髮撥向一側。

「停一下。妳知道妳剛剛做了什麼嗎？」

「把我的頭髮撥回去？」

「沒錯。我們之前把這信號叫做什麼呢？」

「叫做理毛。」莎莉回答：「這傳遞出我想要讓自己看起來更迷人的訊息。」

「沒錯。在這情況下，這傳遞出妳想要讓某個男人看

到妳迷人的訊息。理毛是人們用來傳遞興趣的主要方法之一，所以妳可以經常使用。」

莎莉繼續跟史坦的談話，做出好幾次理毛的動作。有兩次是掌心向前把頭髮梳往後面，有一次是把玩她側邊的頭髮，還有一次是用手指梳過頭髮。

史坦在她說話的時候繼續微笑，但並沒有跟著理毛。

幾分鐘過後，我問莎莉：「妳覺得一切進行得怎樣呢？」

「挺好地。他大部分時間依然露出笑容，也跟我有直接的眼神接觸。」

「這是事實，但此時此刻仍有個重要的部分失落了。當妳理毛的時候，他沒有跟著理毛。」

莎莉嘆了口氣，「這是不好的徵兆吧？」

「沒錯，這是不好的徵兆。理毛就像舞蹈一樣，如果兩人對彼此都感興趣，那會是來來回回的動作。」

「男人會跟女人一樣理毛嗎？」

「有點不一樣。他們可能會把頭髮撥回，或是調整衣物。史坦，可以麻煩你示範一下嗎？」

史坦示範了比較典型的男人理毛方式給莎莉看：拉好襯衫領子、拉起夾克的翻領、把大拇指放在腰部把皮帶往上拉，最後把一側的頭髮給撥回去。

「梳我的頭髮看起來滿好笑的，畢竟我沒剩多少頭髮了。」他說，我們三個都笑了。

　　「所以妳是說如果他對我感到興趣，他會跟著理毛，如果他沒跟著理毛，就代表他不感興趣嗎？」

　　「這大抵來說是正確的，但他理毛之前可能會有短暫的停頓。這可以說是確實接近有吸引力的徵兆。通常這是自己沒有意識到的行為，理毛的訊號代表的是想在當下變得迷人的無意識期待。」

　　「理毛其實是更全面梳毛行為的一個部分。」史坦補充說明：「這種行為的完整版本，就是人在出門之前私底下面對鏡子會做的行為，比如梳頭髮，或者調整衣物來讓自己更好看。」

　　「既然妳上的是性感魅力課程，有時候妳可以有自覺地做出理毛的行為來試試水溫，看他是否對妳感興趣。這樣做可以幫助妳養成理毛的習慣，也養成觀察對方是否也有跟著理毛的習慣。至於現在，我希望妳和史坦練習幾分鐘來來回回的理毛動作。」

　　莎莉把頭髮往後梳，史坦也跟著把褲子拉高。莎莉把襯衫往下拉，露出更多乳溝，史坦則把拇指放在腰帶裡。莎莉玩弄起耳垂，史坦則撫摸自己下巴的鬍鬚。

　　「好，我們來看看效果怎樣。」我說。

　　莎莉印象深刻。「看起來真的跟跳舞一樣。」她說：「毫無疑問的，這兩個人對彼此都有興趣。」

　　「我們來看看還需要有什麼事情發生，才讓妳知道他對妳產生興趣。這稱作求愛的序列，就像這樣子：首先，

你們跟彼此談話，接著你們面對著彼此，有人開始碰觸對方，然後你們彼此的動作會同步並相互協調。爲了方便記憶，可以簡化成四個步驟：談話、轉向、觸摸、同步。這是由生物學家蒂莫西珀坡發現的，他在一九八一年寫了《性訊號：愛的生物學》一書，他想要研究人類的擇偶現象，所以在單身酒吧做出了觀察。」

「妳是說當人們對彼此感興趣的時候，會有事情發生的特定順序嗎？」

「的確有。人們以爲調情是自動自發難以預測的動作，但這觀念是錯的。我們日常的互動都有人們會遵守的未成文程序，調情是種儀式，所以不但有順序，如果互動的雙方沒有依照這個順序，那彼此會有火花產生的機會就是微乎其微了。」

「換句話說，如果我說話而他不說話，或者如果我轉向他而他沒轉向我，如果我碰觸他而他沒碰回來，如果我的動作跟他同步但他卻沒跟著做我的動作，那我是否該試試下一個男人呢？」莎莉問。

「一點也沒錯，雖然妳不一定是開始序列中每個要素的人。妳可以跟史坦試試看。你們已經試過談話那部分了，我希望妳可以繼續使用理毛這個訊號，接著進入求愛序列的第二個部分，也就是把身體往他的方向轉。」

莎莉和史坦繼續談話。莎莉做出理毛動作，史坦也有了回應。他們兩個人站的位置，大概是面對面和互成直角的

理毛為什麼那麼有力？

通常當我們碰觸自己的時候，我們充分意識到自己在做些什麼。舉例來説，當我們刷牙、梳頭、化妝來整理儀容的時候，我們意識到自己如何碰觸自己，為什麼要碰觸自己。

然而，理毛這動作是種適應器，人所使用的動作，以管理情緒來適應環境，但自己卻沒意識到。適應器傳達我們內心深處的感覺，這感覺不一定是我們想要顯露出來的。當有人在對話的時候做出理毛動作，就好像他或她在説：「我希望為你而有魅力。」

所以如果妳想要知道對方是否感興趣，可以觀察看看他們多常理毛。妳也可以先做出理毛動作，看他會不會跟著理毛，來試探看看他的想法。

中間角度，持續了一分鐘左右後，莎莉把身體移向史坦方向，幾乎是面對對。史坦出於本能反應地往後移了一小步。

「我犯了某些錯誤。」莎莉注意到。

「妳靠的太近、太快了。重點在於妳每次往他方向移動一點點的距離，不要馬上就面對面，而是每次移動一些角度。若是直接面對著對方，看起來會太過挑釁。妳試一下，稍微往他方向移動，但不要像剛剛一樣過火。」

莎莉移動了身體，讓她跟史坦的位置和面對面差了大概三十度。

「我現在表現如何呢？」

「妳可以先等一下，看他會不會往妳的方向轉動。如果妳對這位男人有興趣，那妳可以逐漸移動身體讓自己更直接面對著他，觀察看他會有什麼反應。」

莎莉選擇移動自己的身體更直接面對著史坦，他也做出相對回應，把身體往她的方向移動。

「我懂妳說的相對回應的意思。但如果他不向我這方向移動，我該怎麼做呢？」

「每一次只要你們有人沒有做到求愛序列中該做的部分，對話可能還會繼續進行一段時間，但事實上，可以說已經玩完了。」

「所以如果史坦此時此刻沒有往我方向移動身體，就是我往他處尋覓的時候了嗎？」

「正是。但既然他已經往妳的方向轉動，妳何不繼續

兩人的對話，這樣我們好練習求愛序列的其他部分？也不要忘記不時要做出理毛的動作。」

他們繼續聊天，莎莉和史坦愈來愈面對面。史坦接著建議他們在旁邊的椅子坐下來。當莎莉準備好坐在椅子上時，她看著我問道：「他希望我坐下來，這是好的信號，對吧？」

「是啊。」

此時，他們坐下來，直接面對面，史坦把身體往前移動，他的膝蓋幾乎要碰上莎莉的膝蓋了。

「事情確確實實在往好的方向發展。」莎莉微笑地說著。

「當然。當你們面對面的時候，就營造出一個私人領域。你們身體靠彼此那麼近，就像是在對派對裡的其他人釋放訊息，要他們不要打擾你們的私人對話。現在我希望妳找出方法，把求愛序列中的第三個要素給引進，也就是短暫地碰觸他。」

「不都是男人先主動碰觸對方的嗎？」

「事實上，通常是女人先開始碰觸對方的，雖然有時候是男人主動。」

「我猜想如果我先碰他，而他沒有碰回來，這應該不是好的徵兆。」

「的確不是。」

莎莉聊天聊了一陣子，但對於碰觸這件事卻有了掙

扎。最後，她把手放在他的大腿上，靜止不動。

　　「我們離開這裡，到最近的汽車旅館去吧。」史坦說道。

　　「我知道，這太親密了，但我不知道還能做些什麼。」

　　「妳再試一次。」我告訴她。

　　她的下一個動作，就是在對話途中的短暫停頓時，向史坦的手臂輕拍一下。我們都笑了，因為那真的是很怪異的碰法。

　　「我來幫妳吧。」史坦說：「妳通常不會想要出其不意地碰觸對方。相反地，妳應該很簡單地碰觸對方，比如輕碰他手臂或是膝蓋，就好像是說：『唔，那真的很好笑！』或者是個輕觸來提醒他注意妳接下來要說的話，就好像在說：『你聽我說！』接下來，如果你們的互動變得愈來愈親密，那可能會有表示喜歡或是感情的觸摸，比如摸著對方的手或者臉，也可能手握著手。這些動作可以由任何一方主動開始。至於現在，應該做的就是簡單的碰觸。」

　　「記得，你們不認識彼此，所以任何的碰觸都是有調情意味的。」

　　莎莉把身體轉回史坦的方向，一面短暫碰觸他的膝蓋，一面說：「我來這裡途中發生了什麼事你知道嗎？」她說故事的時候，史坦面露微笑，邊聽邊點頭，但並沒有碰觸她。

「他沒跟我禮尚往來。」莎莉轉頭對著我說。

「沒錯，如果他沒有回碰妳，那真的不是好事。妳先給他一點時間，他現在正聽著妳說話。妳知道嗎？妳可以再碰他一次，把這笨蛋給點醒！」莎莉和史坦都笑了。

莎莉講完故事，碰了一下史坦的手，她說：「你相信嗎？」史坦短暫碰觸了一下莎莉放在大腿上的手，接著說：「妳知道嗎？類似的事情我也發生過。」

我在史坦開始說自己的故事時打斷了他，說：「很明顯的，事情進行得非常順利。你們兩個都有理毛的動作，你們也經歷了求愛序列四個要素中的其中三個。現在我們要練習的是所謂的同步。」

「事實上，你們已經開始同步了。」我繼續說：「舉例來說，他模仿了妳手部的碰觸動作。我們來放一下錄影帶。」

我們開始放錄影帶的最後十分鐘時，我提醒莎莉，說同步牽涉到身體器官的協調與動作的步調。「甚至會牽涉到聲音的響亮或是輕柔，還有你們說話的速度。」

「看了錄影帶以後，妳觀察到哪些種類的協調呢？」

「我注意到史坦在我說話的時候會點頭。」

「沒錯！」史坦說：「而且我不會一直點頭，只有在妳說完一個句子的時候我才會點頭。有反應的聆聽是同步的一種。」

「嗯。我們經常會同時往前傾或是往後仰。在某些時

間點，我們的臉部表情也一樣，就好像他在模仿我的表情似的。」

「這些都是同步。但是對話進行到這邊，如果一切順利的話，同步的頻率會增加。」

在這個時候，史坦提議做一個練習。「看著我，假裝自己是面鏡子。妳要完全照我的動作做：我身體的姿勢、我雙手的活動、我的臉部表情，甚至是我身體的放鬆或緊張程度。」

史坦調整身體，坐了下來，右膝放在左腿上，左手放在下巴上面，右手放在右膝上面，頭部稍微傾斜。

莎莉完全拷貝了史坦的姿勢。

「妳看一下螢幕，妳覺得你們看起來有同步嗎？」我問她。

「沒有，感覺我們的動作剛好相反。」

「那是因爲重點不在於採取完全一樣的姿勢，而是要擺弄出鏡像（鏡子裡的影像）來。拉法蘭西和艾克斯於一九八一年發表在《非語言行爲期刊》的研究顯示，能傳遞出贊同他人訊息的，其實是鏡像。」

「我懂妳的意思。」莎莉瞄著螢幕的時候說。

「妳現在照著我的臉部表情做出鏡像來。」史坦提出建議。接著他臉部出現了驚訝的表情、嘴巴張開、雙眼睜大、眉毛上揚讓額頭出現了皺紋。

當莎莉照著史坦的表情做出鏡子裡的影像時，她開玩

笑說：「這是不是要測試出女人是否打過肉毒桿菌的計謀呢？」

史坦繼續移動了身體姿勢和面部表情，莎莉也配合了他的每個動作。「這真的很好玩，但也很困難。」她說。

「妳可以用好幾種方法在家裡練習。舉例來說，妳可以模仿雜誌廣告裡面的身體姿勢和表情；或者當妳自己看電視的時候，妳可以模仿演員或是評論者的動作；或者當妳跟好朋友進行私下談話時，妳可能會發現自己身體某些部分在模仿鏡子裡的影像；妳甚至可以跟朋友說妳在做同步練習，這樣她就能理解妳在做些什麼。」

「我可以這樣做。」

「我們再來進行一個練習。」我告訴她。「我要你們兩人假裝正在進行對話，但是沒有發出聲音，嘴巴做出講話的樣子、手勢、做出反應等等。這一次，妳不需要模仿對方身體語言的每個動作，模仿一些就好。舉例來說，妳可以模仿上半身的動作，但不要模仿下半身的動作。最該謹記於心的，就是這個練習是要妳模仿部分而非全部的動作，特別是要妳跟上他動作速度的步調。試著讓自己跟上他的律動。」

剛開始，史坦的手勢和動作都很緩慢。他說話的時候，莎莉偶爾緩慢點頭，她也模仿了他臉上出現的擔憂表情。當輪到她說話時，她比手畫腳做出動作，手勢也比得很慢。

「很棒。現在妳速度快一點，我讓史坦配合妳的速度。」

莎莉開始移動、做出手勢、改變臉部表情，而且動作更加快速，史坦跟上了她的步調。

「這真的很有用。」莎莉說：「我真的感覺到他跟我同步動作。」

「妳剛剛做的叫定速和引導。上一堂課我們做過，但那時候有發出聲音。現在我們著重於視覺可見的身體語言。妳配合了他人的律動，當妳做出同步之後，妳試著引導他人進入新的律動。現在妳開始開口說話，但要持續模仿和定速。」

「能講話真的讓我鬆了口氣。」莎莉說：史坦配合著她並做出回應說：「是啊，這是一定的。」同時也配合了她熱烈的臉部表情，還有她講話的急促速度。

隨著他們談話的進行，莎莉和史坦變得愈來愈同步。當我建議他們拿起想像中的飲料喝一口時，莎莉和史坦的動作幾乎是完美一致。

「妳成功了！」我很興奮地說。「每個人在進行對話的時候或多或少都會配合著對方的動作，比如在對方說話的時候點頭，但如果調情得很順利的話，你們剛剛顯示出來的同步暗示出調情真的是大大的成功。也許在這個階段，你們會交換電話號碼，移到室內比較安靜的地方聊天，或是一起離開到其他地方去。」

「這一切似乎都不錯，但依照我的經驗，這整個求愛序列通常不會成功完成。」莎莉說。

「這是事實，但也沒關係。」史坦繼續說：「這為的是探索跟他人發展的可能性，也不一定會成功。就算調情沒能進行到最後，依然可以提供練習的機會，也不算是失敗。我們剛剛練習的時候，就好像是要妳試圖引誘男人，但也有可能妳在求愛序列的不同階段中決定退出不玩，因為妳失去了興致。」

「若從頭到尾順利進行的話，會花多少時間呢？」

「時間的長度因人而異。」史坦回答：「可能花十分鐘，也可能花兩小時。舉例來說，如果兩個人之前見過面或是談過天，他們可能會快速的完成轉向這個階段，或者直接進行到身體的碰觸。如果男人邀請女人跳舞，他可能在隔一段距離的時候就掌握住她的訊號，但是碰觸的動作可能很快發生，也會加速跳舞之後發生的事情，假設他們繼續陪伴著對方的話。只要記得這個序列通常會按照順序發生，而且每個階段都經歷過才代表進展順利。」

「來複習一下，我們來練習一下整個序列的加速版本。」我說。

「首先，展露出妳希望他接近妳的訊號。」

莎莉掃描全場，觸摸自己，頭部往後仰，用手指滑過頭髮。

「接著對著妳感興趣的男人發出訊號來。」

莎莉看著史坦，使用了急瞟、斜瞄、眼睛向上向下、微笑向上這些動作。

　　「現在史坦過來了，妳該怎麼做呢？」

　　莎莉做出理毛動作，史坦也跟著理毛。莎莉轉向史坦的方向，史坦也更往莎莉方向轉來。莎莉碰觸史坦，史坦也禮尚往來，接著莎莉和史坦沒有聲音地做出同步動作。

　　「記得，口訣是理毛、講話、轉向、觸摸、同步，要記得觀察他的反應，以評估情況。在妳跟眞命天子相遇之前，都只是練習而已。」（圖29）

　　「所以我們結束了？」

　　「還沒。明天我們要繼續讓性感魅力發熱，然後在妳眞正的第一次約會讀到更多的訊號，所以妳要穿得跟赴約一樣！好吧，明天見！」

圖29 作者史坦和莎莉對求愛序列的角色扮演

談天。

轉向。

觸摸。

同步。

鏡像動作的魔力

近期科學研究發現，關於人跟人之間如何產生認同並建立融洽感，提供了新的洞察力。

由義大利帕爾馬大學的神經學家賈科馬‧里佐拉蒂所領導的研究，發現了鏡像神經元，也就是大腦中讓人立刻對他人身體語言做出同理心的細胞。舉例來說，如果有人拿起杯子來喝酒，其他人也會經歷相同的動作，但動作只發生在大腦中。這就是我們能體會他人感覺的原因。

我們通常不會直接模仿出他人的行為，因為這意味著我們會不時依照對方身體語言做出鏡像動作。但在某些情況下，當我們認同他人時，我們可能會模仿他人做出鏡像動作，彼此同步之下，姿勢和動作可能馬上會協調一致（下次妳跟朋友進行交心的對談時，妳可以觀察看看妳是否跟著對方身體位置的某部分做出鏡像動作）。

精神科醫師兼非語言溝通研究先鋒阿爾伯特雪夫蘭是最先報告一致身體姿勢的重要性的人。在檢視家庭心理治療課程的影片時，他發現跟其他團體成員做出相同的身體姿勢的人，之後也會

對那個人表達贊同和同理心（見《心理治療》）。英屬哥倫比亞大學的珍妮特貝佛拉斯和同事的研究也顯示，相似的體態可傳遞出認同和融洽的訊息。她發現跟他人有一模一樣的姿勢並不會帶來如此效果；相反的，姿勢必須反映著彼此，就好像是兩個人都在看著鏡子一樣（見《性格與社會心理學期刊》）。

　　波士頓學院瑪麗安娜拉法蘭西的研究給我們解釋鏡像行為運作的線索。她發現不只鏡像動作可以反映感覺或是認同，隨著鏡像動作的增加，便會產生更多融洽感。也就是說，先產生鏡像，同理心之後就會出現（見《社會心理學季刊》）。

　　最後，還有更多鏡像動作力量的證據，我們知道經常對彼此做出鏡像動作的人，長久以後，會看起來更像彼此而且有類似的性格。羅伯特扎樂茨的研究顯示，如果給受試者一堆男女的臉孔照片，要他們分辨這些男女是否為夫妻，那年輕男女的圖片很難判斷。但如果要對年長男女做出配對，就比較容易了，因為這些年長的結婚夫妻，臉部表情上有些固定的皺紋，看起來跟彼此很相像（《動機與情緒》）。

Lesson 7

第一次約會。

讓性感魅力延續到第一次約會，
解讀他傳遞出來的負面的訊號，
藉由些許親密接觸，
增加第一次約會的成功機率。

「好，這是我們把妳扔到狼群之前的最後一堂課。」我笑著跟莎莉說。

　　「妳是說，在妳要我走出去並試著挑選出合適的男人之前。」莎莉說。

　　「沒錯，今天我們要努力的，就是讓性感魅力延續到第一次約會的時候。」

　　「假設我有第一次約會的機會……」

　　「我們很樂觀。」我笑了，「事實上，今天妳會有機會複習我們學過的每件事情，包括性感訊號，還有求愛序列。此外我們也會增添一些重要的要素，對妳在兩人關係中的後續發展很有助益。」

　　「像是什麼呢？」

　　「舉個例子，我們會試著增加觸摸對方的量。」

　　「聽起來很有趣。」

　　「其次，在第一次約會的時候，妳可以做出一些姿態，來讓他想要伸出援手。」

　　「裝出楚楚可憐的樣子。」莎莉轉動著眼睛說。

　　「沒錯，裝出楚楚可憐的樣子，但不是無法照顧自己的樣子。記得，就算男人只能稍微幫妳的忙，也能增進他的自尊。」

　　「伊娃說得沒錯。」史坦說：「我們男人不像妳們女人以為的那麼有安全感，所以妳們愈讓我們覺得自己魁梧強壯，我們就會愈開心。」

「最後，我們還會教妳如何解讀他傳遞出來的額外訊號，尤其是負面的訊號，這樣妳就知道自己的動作如何影響著他了。」

「就比如他對我的理毛動作沒有回應，或是沒有回應我做出的求愛序列中的動作？」

「對啊，這些事項絕對能讓妳知道事情大抵來說進行得如何。但妳也應該意識很多其他的訊息，因為這能告訴妳某些事情在特定的時間點上是否出了問題。」

「首先，我對那些事情實在不拿手。我不知道在把學會的東西都記在腦袋的同時，要怎麼去理解更多的信號。」

「這比妳想像得還要簡單。只要記得，人們如果不是在理毛或是帶著情慾地撫摸著自己，其他種類的碰觸幾乎可以確定帶有負面的意涵。」

「我來示範給妳看。」史坦說，他接著對著手臂搔癢、揉著肚子、捏招手背上的皮膚、輕拍臉頰、雙腳前後移動；然後他又對著腿搔癢、摩擦自己的臉頰、拿指頭抹過鼻子下方，還絞緊自己的雙手。

「所以如果有人搔癢、招捏皮膚、摩擦身體或者坐立難安，這些訊息，是不是透露著我做出了讓他不喜歡的舉動呢？」

「有可能不是因為妳的舉動。或許他只是太緊張，或者不太舒服，因為掛念著其他事情。沒錯，這些訊號可能

代表著有潛在的麻煩，也可能代表妳的舉止出了差錯，所以另一個人的反應不好。妳應該找出這些訊號背後的含意。」

「這些訊號是不是代表著同樣的意思呢？」

「不盡然。」史坦說：「等一下我們練習的時候我會解釋得更加清楚，我不想現在就讓妳承受太多資訊。只要記得，除了理毛和愛撫外，其他自我碰觸的行為都可能是負面的。」

「好，所以我們假想現在有個約會。妳和史坦初次見面以後，他約妳出去。妳第一次約會通常都去哪裡呢？」

「偶爾會去看電影，但通常都是去餐廳吃飯。」

「吃飯是多數人第一次約會會做的事情。」我點頭，「因為吃飯讓人有機會認識彼此，然後弄清楚他們是不是想要繼續約會。壞消息是，既然約會跟吃飯牽扯在一起，如果妳想要保持自己的性感魅力的話，就要特別注意妳處理食物的樣子，還有吃相。」

莎莉點頭表示理解，「沒有什麼比男人吃東西張口說話還更令人倒胃口了。」

「或者是女人咕嚕咕嚕喝著湯的樣子。」史坦補充說。

「我們想像一下，妳和史坦打算出門到餐廳吃飯，妳希望他在哪裡跟妳會合？」

「如果我沒跟他見過面，比如我和他是在網路上認識

的，那我會建議可以在餐廳會合。但如果他是別人介紹的約會對象，或者我在其他場合跟他碰過面，那他來我家接我應該很恰當。」

「這樣的安排不只恰當，還極爲誘人。記得，妳要他跟妳求愛。如果他問起，就讓他到妳家接妳。至於接下來要討論的議題，就是穿著。我們看一下妳的穿著。」

莎莉知道自己要練習第一次約會的樣子，所以已經爲這場合做好準備，表現得也很不錯。她穿了時尚的白色裙子，有一側開衩，成對比色的黑色肩帶則強調了頸部和肩膀的曲線。她跟上一堂課一樣，戴著簡單的銀色墜鍊和相襯的手鍊，也穿了透明長統襪和尖頭高跟鞋。她的化妝則是低調中帶點風情。

「妳看起來美呆了，但有一些東西妳現在沒穿戴可是稍後必須穿戴，比如外套、帽子、手套和手提包。」

莎莉臉紅了。她忘記了注意她穿著的層次。她來之前穿了羽絨衣、羊毛帽、手套，也提著一個很大的包包，裡面幾乎裝滿了除了水槽之外的其他東西，這些東西現在都堆疊在附近的衣帽架上。

「好，下次要記得想清楚。記得妳的衣著是要讓性感魅力凸顯出來，妳應該怎麼穿呢？」

「羽絨衣太大了，穿上去我看起來就像是一隻快樂的北極熊，布料不夠性感。我想你們兩位應該有人想要幫我買一件亞曼尼……」

我們都笑了，「能凸顯身體曲線而且布料不錯的外套都可以。如果妳的外套沒有妳想要的那麼時尚，妳可以在外套上面搭配一件漂亮的披肩，來增強效果。至於帽子，妳覺得怎樣呢？」

　　「每當我戴帽子的時候，我總是要立刻到廁所去整理頭髮，所以我應該不會戴帽子。」

　　「妳說得沒錯，除非妳的穿著缺乏生氣，不過這時候披肩就可以派上用場了。記得，這是妳的第一次約會，而第一印象是很重要的。」

　　「我想我應該知道怎麼處理手套和包包。手套應該是皮革手套，這樣能展現我的手指。包包應該小一點、雅緻一點。」

　　「妳說對了。好，那我們開始約會吧。想像妳在妳家裡面，史坦會來接妳。」

　　史坦走到外面做好準備。

　　「妳再檢查一下房間是否乾淨，然後擺出性感的姿勢來。」

　　「爲了誰而擺？」

　　「爲了妳自己，讓妳的心情調適好。」

　　史坦敲了門，莎莉端莊地起身，她很自動地做出理毛的動作，再檢查一次自己的外表。

　　「嗨！」她咧嘴而笑，伸出了手，「請進。」

　　史坦稍微皺了眉頭，「我先跳開一下自己扮演的角

色。要是我們之前見過面，如果妳沒有在我臉頰上輕吻，我想大多數的男人都會覺得有點喪氣。」

「我同意。」我告訴莎莉：「這也會馬上讓你們的身體有了些親密接觸，能讓整個求愛序列更容易進行。」

「所以很快就進行了談天、轉向、觸摸等等階段，對吧？」莎莉還記得求愛序列。

「沒錯。」

「但如果我不確定這男人是否合適，不想要親吻他呢？」

「這對他來說不是個好的徵兆。」史坦和我異口同聲地說。「對了。」我接著說：「妳注意到妳沒親他的時候，他看起來悶悶不樂嗎？」

「其實沒有。」

「我們晚點再來討論這項？妳知道我們剛剛說今天要教妳解讀其他的訊號嗎？事情出了差錯，能及早發現，也是我們要學習的。我們回到問好，妳可以在他臉頰上一吻。」

莎莉又試了一次，這次給了史坦輕輕的見面吻，「請進。」

「這地方不錯。」史坦說：「妳看起來也很美。」

莎莉臉紅了，靦腆地低著頭，接著又抬起頭來，咧嘴一笑同時也做出理毛的動作。「謝謝。」她用輕柔性感的嗓音說著：「我馬上回來，我拿一下東西。」

幾分鐘之後，莎莉拿著我的手提包回來，那是她跟我借來練習的，她開始穿上外套。

　　「停！」我說。

　　「我只是在穿上外套，這能出什麼差錯呢？」

　　「妳錯過了讓他幫助妳的第一個機會了。」

　　「但如果男人不知道他應該協助我穿上外套怎麼辦？」

　　「如果情況很明顯，他會搞清楚的。」史坦說：「協助妳可以讓我覺得自己很重要，此外，這也讓我有機會恰當地跟妳有肢體上的碰觸。」

　　「我從來沒這樣想。」

　　「好了，我們出發吧。」史坦說，他把手輕柔地放在莎莉背上來引導著她。

　　「這是另一個碰觸的機會吧？」她咧嘴而笑。

　　「妳說對了。」

　　因為莎莉住在城市裡面，她和史坦很可能會走路或是搭計程車到餐廳。「我想我應該讓他招計程車，如果他有車，我也可以在上車之前先等等，看他會不會幫我開車門，是吧？」

　　「沒錯。但我們現在假裝餐廳不會太遠，你們可以走過去。」

　　莎莉和史坦開始遊走在我辦公室的迷宮裡面，而我跟在後面，他們開始聊起這一個禮拜過得如何。史坦談起了

幫妳做事可以增加他的自信

　　暗示男人妳需要他的協助，是種常見的女性行為，能讓男人覺得被需要和有力量，也讓男人覺得現在有機會一親芳澤，這是學者莫妮卡摩爾所稱的「協助請求」。請求協助最好的方式是？

● 把妳的外套遞給男人，讓他幫妳穿上。

● 在椅子旁等著，讓他幫妳把椅子拉開，或著拿著香菸等他點火，或者看一眼空玻璃杯，需要的話可以看兩三次，暗示他可以再倒飲料。

● 延遲自己做出某些動作。舉例來說，妳可以看著妳的外套，對他微笑，希望他可以懂妳意思。

餐廳，說希望她會喜歡這家餐廳。剛開始，史坦步伐對莎莉來說太快了，她必須加快腳步才能趕上。

　　「史坦走路那麼快讓妳有什麼感覺呢？」我問。

　　「就好像他跟我步調不一致。」

　　「沒錯。所以我會建議妳採取舒服的步調，讓史坦配

合妳的速度。」

　　莎莉試了試，史坦慢了下來。「是啊，我試圖抵達某處的時候走路速度會比較快。」他做出評論。

　　「妳可以靠著他走。」我補充說明：「這樣會是正面的增強，能讓你們身體偶爾碰在一起，這對他放出訊號，說明妳不反對他碰觸著妳。」

　　當他們抵達餐廳的時候，莎莉盡力讓自己打開外套拉鍊的時候動作緩慢又性感。她站在史坦旁邊，但沒真的開始動手把衣服脫掉，這讓史坦很容易就協助她脫掉外套。她也在脫掉手套之前，性感地放鬆手指。

　　我扮演了餐廳領班和侍者的角色。「我能協助你們嗎？」

　　「有訂位，兩位，訂位名稱是瓊斯。」

　　「這裡請。」我把史坦和莎莉引導到桌子邊，用手勢指出莎莉的位置，我往後退，讓史坦幫她把椅子挪開。莎莉坐上椅子的姿態，就好像不曾接受過我的訓練一樣。

　　「再試一次……記得，把自己緩慢移到椅子上，臀部下方的裙子要摸順，這樣性感多了。」

　　莎莉把自己緩慢移動到椅子上，史坦坐在她的側面位置上，這樣就更靠近她了，但我們也同意在很多餐廳這樣的坐法是不可能的。他們有點緊張地對彼此微笑。

　　「現在是做出理毛動作不錯的時機。」我跟莎莉建議：「這會讓他知道妳很開心跟他在這裡相處。」

開始

　　史坦瓊斯的書《適當的碰觸：理解並使用肢體接觸的語言》中提到，有些碰觸是在一段關係中開啟接觸最簡單也最適當的方式。

　　碰觸可以表達問好和道別之意，比如拍拍某人的背或親吻臉頰，這些動作都是安全不具威脅性的。

　　表達出「喔，妳聽聽」或是「真有趣」含意的碰觸，通常都是碰不脆弱的身體部位，比如手臂、肩膀、手肘；如果你們都坐著，也可以碰大腿或膝蓋，這樣能引起對方注意。

　　「不經意的」碰觸，比如經過對方、坐著、站著、近距離走著，都有可能會輕觸彼此；或者談話的時候身體前傾，大膽的人可能胸部會輕觸對方，都是不經意的碰觸方法。

　　伴隨著某樣動作的碰觸，比如把外套上的棉絮給拍走，或是在評論對方外表的時候碰觸談論的地方，例如「妳的頭髮很捲」或者「我喜歡妳的戒指」等等，都是做出肢體接觸很有效的方法。

莎莉甩了頭髮，快速地把頭髮用手梳往耳朵後面。

　　史坦做出了反應，觸摸了襯衫的領子。

　　「我可以幫您們點飲料嗎？」

　　史坦向莎莉示意，「紅酒，謝謝。」

　　「我也一樣。」

　　「我上次看到妳之後，妳都在忙些什麼呢？」史坦問。

　　莎莉開始了漫長的獨白，說她的老闆要把她給逼瘋了，還說她的工作壓力很大。她沒有面露笑容，把眼睛睜大，就像是很高興跟他在一起，相反的，她經常往下面看，也沒有多少微笑。史坦說了幾聲「我懂」和點了幾次頭來表達支持，但在幾分鐘過後，他的臉就沒什麼表情，嘴唇也緊閉著，也開始摸著自己的臉頰。

　　「我們停下來一分鐘，看一下剛剛發生了什麼事。妳覺得史坦對妳說話的內容有什麼感覺呢？」

　　「他看起來滿支持的。」莎莉有點困惑地說著。

　　「事實上，他剛開始是滿支持地，但妳讓他失去興趣了。妳注意到他不再點頭，也不再對妳說的話有任何反應嗎？他跟妳已經不同步了。」

　　「是啊，我有注意到，但我不知道那是什麼意思。」

　　「他也揉了自己臉頰好幾次。」

　　「負面的自我碰觸，記得嗎？」

　　「沒錯。那不是好的徵兆。」

　　「那是什麼意思呢？」

「這可能意味著某些事情。」史坦說：「可能是我太緊張了，我試圖讓自己平穩下來。但通常搓揉或敲打著自己是種自我刺激的動作，這一般意味著做出動作的人難以保持清醒或是全神貫注。很可能他已經對兩人的對話進行的方向失去興趣了。」

「所以妳是說史坦覺得我說話的內容很無聊嗎？」

「很可能。」我說：「在第一次約會的時候，態度積極一點會比較好。」

代表麻煩的碰觸

自我刺激的碰觸，比如輕拍或按摩臉部，暗示著動作者已經失去興趣，正在試著保持清醒（沒錯，有時候，問題出在他前晚沒有睡飽）。

自我掐捏，通常是在頸部附近，經常跟罪惡感有所關連（完整的版本是捏著自己，直到把自己給弄痛）。

自我撫慰的舉動暗示著動作者感覺很焦慮。最常見的版本，就是碰觸或是按摩肚子（焦慮最常表現在肚子裡），或者把手指和拇指靠近嘴巴，就像是小孩焦慮時吸吮大拇指一樣。

「妳是說我應該說謊嗎？可是我這禮拜工作真的很不順啊。」

「妳不應該說謊，但妳應該強調正面的事情。妳可以說工作有點壓力，但提到其他不錯的事情。此外，妳花了太久時間講話，都沒要史坦談談他自己。」

「這論點不錯。」史坦說：「第一次約會妳應該做的事情之一，就是讓男人知道妳對他有興趣。在兩個人的對話中，說話和聆聽之間應該取得平衡。這稱作良好的輪流技巧，首先，這意味著要避免打斷對方。」

「好，我們回到對話一開始的時候。」

這一次，莎莉比較愉快，露出笑容，也眨了眼睛，也很快把談話轉到史坦身上。「那你這禮拜過得怎樣呢？」她盡量用溫柔的聲音來問。

「這是你們的飲料。」我把酒杯遞給他們。莎莉把所學派上用場，馬上就拿起了酒杯，史坦提議乾杯，「敬我們彼此相識。」他乾了杯。

「我這禮拜過得挺不錯的。」史坦很興奮地說，「我們拿到了一個很有趣的案子，每個人都急切想要努力處理。」她熱切點頭，跟史坦的談話步調很一致。

「是關於什麼的案子呢？」

「我們需要研究讓男人和女人具備領袖魅力的特質。」

「太有趣了。」莎莉身體向前傾，眨了眼睛。然後她轉向我說：「暫停一下，我有個問題。我知道史坦的工作

性質，所以知道他誠實以告。但我有些朋友，會遇到撒謊的男人，工作、住處，甚至他們開的車款都可以撒謊。所以我要怎麼知道我約會的男人有沒有撒謊呢？」

「很好的問題，妳的擔憂不是毫無根據的。研究顯示，女性說謊大都是為了保護他人的形象，而男人說謊則大多是為了建立自己的形象。有些人眼神會突然閃爍，左右移動，他們用手遮住部分的臉，或者聲音的音高會突然的提高，這些都是說謊的徵兆。但最好不要太過起疑心，但如果妳看到這些種類的行為，妳可能想要詢問更多細節。」

「我懂了。」

「我們回到你們的約會上，妳剛剛正在評論史坦的案子。」

「你的案子聽起來很棒！」她眨眼說。

我這侍者又回到了餐桌旁，「可以幫你們點餐了嗎？」

莎莉正準備回答的時候被史坦打斷了，「如果妳問我菜單上有沒有什麼值得推薦的也不錯。」

「你又提供協助了。」莎莉點點頭，繼續剛剛的角色。「那麼，史坦，你覺得這裡有什麼好吃的嗎？」

「每道菜都不錯。如果妳喜歡辣一點，我建議妳點義式獵人燉雞；如果妳喜歡清淡一點，那煙花女義大利麵真的很棒。」

「那我要點這位先生建議的燉雞。」莎莉微笑說，史坦沒注意到自己的胸膛稍微挺了起來。

　　「我點義大利麵。」史坦說。

　　「所以。」莎莉繼續說：「你最近有跟誰交往嗎？」

　　「已經一年沒有了，真的都沒有合適的對象。」史坦說話的時候，用手指摩擦了鼻子下面。

　　「我能問為什麼嗎？」

　　史坦停止說話，把手放在頭部後面。

　　「停下來！」我告訴莎莉，「他給了妳兩個徵兆，表示他不喜歡談話進行的方向。妳有注意到嗎？」

　　「我有，但事後才注意到，這一切都發生得太快了。」

　　「不要擔心。妳需要時間和練習才能在線索出現的時候加以掌握，妳能注意到它們倒是不錯的開始。」

　　「嗯，我注意到自我碰觸的動作，但同樣的，除了妳說這是負面的徵兆外，我實在不知道這些訊號代表什麼。」

　　「手指在鼻子下方摩擦稱作掃過鼻子，通常暗示著發生了希望不曾發生過的事情。」

　　「你是說我不應該問起你上一段關係嗎？」

　　「可能不應該。不然在我做出負面反應的時候，妳也可以找個方法來結束話題，比如可以說：『不好意思，我無意讓你感到不舒服。』」

「當我問你上一段關係為什麼終結的時候，你碰觸了頭部後面，這代表什麼呢？」

「這稱作防衛的拍打姿勢，簡單來說，這意味著妳讓我不得不回答妳的問題。」史坦說：「這種下意識的動作，起源自兒童早期的經驗，但這衝動到我們成年的時候都還持續著。這種行為的完整版本，就是準備好揮出一拳，但當然了，就算兒童也無法隨意打人而不惹上麻煩，所以他們就學會了假裝要揮拳，但實際上卻是摩擦頸部後面。」

「真的太有趣了！」莎莉說：「好，我以後會注意這點。雖然我明白你說的，但如果我在這種情況下真的想要了解男人，他的情愛關係對我來說是很重要的議題。也許我可以先開口談論我的上一段關係，這樣應該會比較好。」

「我們來試試看吧，看看會發生些什麼事情。」

莎莉開始談論她的上一段關係，解釋說這段關係裡面有許多美好，比如兩人有共同的興趣，但她的前男友太不體貼了，她說他經常無聲無息好幾天。她繼續談話的時候，史坦開始對自己的上胸搔癢，聽著莎莉的抱怨。這次，莎莉觀察到負面的訊號了。

「喔喔，我又有麻煩了，對吧？」

「沒錯。」

「除了負面以外，搔癢到底意味著什麼呢？」

「通常是煩心。」史坦說：「我不想聽妳說上一段關係。我覺得自己好像受到了警告：『不可以不體貼』，我也不想要被拿出來跟妳前男友比較。」

　　「好，我承認我錯了。」莎莉說，有點皺著眉頭，「我會試著更正面，也不會講太私密的事情。」

　　「至少在第一次約會的時候不要。」我告訴她：「希望獲得妳詢問的資訊是很正當的，但可以以後再問。沒有人希望在約會初期就受到拷問。」

　　莎莉再度開始，這次她改變了話題，並加入了一句恭維。「史坦，你的身材保持的真的很好。」

　　「謝謝妳。我每個禮拜打好幾次的網球，我也會做重量訓練。」

　　「看得出來。」

　　「妳看起來也很結實，妳一定也經常運動。」

　　「我在健身房運動，主要是踩踏步機，我也喜歡在出城的時候騎腳踏車或是健行。」

　　「這些都很不錯。」我插嘴：「你們談的不但都是正面的事情，而且談論對方迷人的身體特質時也表達了對彼此的吸引力。繼續吧！」

　　史坦繼續說：「我也喜歡騎腳踏車和健行，我們應該找機會一起做這些運動。」

　　「我很樂意。」

　　「你們對未來做出計畫，很明顯的，事情進行得很順

利。是時候回到求愛序列了。現在你們聊天的時候,會把
頭轉向彼此的方向,但你們的身體沒有朝向彼此,現在是
時候可以更向著對方的方向轉動了。」

　　莎莉身體更往史坦的方向轉動。在更多的對話之後,
他開始往她的方向轉動,所以他們幾乎面向著彼此。

　　想像中的食物上菜了,莎莉和史坦都跟我稱謝。

　　「再暫停一下。」莎莉說:「吃東西可以很誘人,也
可以很倒人胃口,有任何建議嗎?」

　　「有。很明顯妳必須把頭往下彎好拿起叉子取食物,
但妳絕不應該讓食物猛然掉下,或者一直低頭、沒讓對話
繼續進行。此外,妳不應該在嘴巴裡滿是食物的時候說
話。如果妳想要讓效果增強,妳可以在把食物放進嘴裡的
時候看著男人,但這有種妳覺得非常性致勃勃的意味。另
外一種性感的舉動,就是建議他咬一口妳的食物,然後
把食物放進他嘴裡,同時看著他的嘴巴,再看著他的雙
眼。」

　　「我來試試看第二種……這很美味。」莎莉看著史坦
說:「你想要試吃一口嗎?」

　　「好啊。」

　　莎莉用叉子叉了食物,遞給史坦,看著他的嘴巴,再
看著他雙眼。史坦吃下了想像中的那一口食物。

　　「我喜歡這樣,非常性感。」我說。

　　「那妳喜歡歌劇嗎?」史坦問。

某些負面訊號的起源

對自己搔癢通常跟心煩和敵意有關。這個行為的完整版本，可能是想要把對方給抓傷。

掃過鼻子是用手指在鼻子下方左右掃動，就好像要把垃圾渣滓給清理乾淨一樣，這是一種審查訊號，可以翻譯成「我希望妳沒做出或說出剛剛那些動作或言論」或「我真希望沒做出或說出剛剛那些動作或言論」。這動作的起源，或許跟捏著鼻子有關，就好像說「臭死了」一樣。

在桌面上快速敲打手指經常是在傳達一種願望，希望對方趕快把話說完，讓對話進行得快一點。

雙腳前後移動，坐著的時候看著下方，看起來就像是要做出動作來：移動雙腳，逃之夭夭。

「我喜歡歌劇。」莎莉說，她身體往前傾，摸著史坦的前臂。

「很好的舉動。」我說：「我們在求愛序列的碰觸階段。」

「那我要怎麼做才能讓他回碰我呢？」

「妳已經往他的方向靠近了，妳可以在說話的時候繼續往前傾，讓你們處於可碰觸彼此的範圍。」

最後，史坦把手往前伸，碰了莎莉的前臂，假裝要引起她的注意，他說：「歌劇院下個月會上演卡門，妳看過這齣戲嗎？」

「沒看過，但我很想看。」莎莉咧嘴笑了。

「也許我可以弄兩張票來。」

「太好了。」

「進展得非常順利，那我現在該怎麼做呢？」莎莉說。

「妳應該繼續談話，也許可以聊聊妳喜歡的歌劇，問問史坦還喜歡什麼，表達妳對旅行的熱愛等等，一般來說，強調彼此共同的興趣就好了。這也是讓彼此同步的好時機，因為能表達對彼此的認同和同理心。」

「如果我覺得對話讓我滿自在的，但到了這個時候我發現自己跟他沒辦法處於同一的狀態呢？」

「這樣也沒關係。配合彼此和做出鏡像動作可以讓妳更有同理心，也讓他知道妳想要跟他步調一致。」

邀請碰觸

史坦的研究發現，有許多方式可以讓人鼓勵他人碰觸自己。

碰觸他人，就暗示自己想要被碰回來。此外，調整自己姿勢，不論是站著、坐著、傾向他人，讓兩人位於親密的距離，或者四十五公分以內，就是一種希望對方碰觸自己的邀請，因為兩人距離夠近，可以彼此碰觸。

往對方的方向搖擺，尤其是在準備離開的時候，就代表想要擁抱對方的衝動。同樣的，如果把雙手往對方的方向移動，也是暗示著想要擁抱。

自我碰觸也暗示著想被碰觸的渴望，尤其如果女人用性感的方式來自我碰觸頸部和鎖骨的話，傳達出來的訊息就是「傻蛋，快點碰我」，敏感的男人可以碰觸她來作為回應，也許碰她的臉蛋，當作對她外表的稱讚，或者表達出對她陪伴在旁的喜悅。

　　「我必須回想一下之前是怎麼做的。好了，我應該辦得到。」莎莉停下來，然後看著史坦說：「你之前說過你真的很喜歡旅遊……」

　　當史坦熱烈談起最近一次到義大利的行程時，莎莉點了頭，臉部表情也跟史坦每次句子結束時那種高亢的情緒相配合。當他用一隻手做了手勢，再換到另外一隻手時，莎莉的頭也從一邊偏向另外一邊，跟他的手勢做出同步。有一刻，史坦向前傾很靠近莎莉，他的右手肘放在餐桌上，左手包覆住下巴和臉頰。（圖30）

　　「喔，天啊，我剛剛發現我的右手肘和右手跟他的姿勢成了鏡像，而我根本沒意識到要這麼做。」莎莉說。

　　「表現得很棒！你們兩個人的距離差不多到了所謂四十五公分的親密區域了。」

　　「這代表我們準備好要親嘴了嗎？」

　　「可以這樣說，這由你們來決定。」

　　「好，我們假設我真的希望這位男人跟我親吻。我要怎麼做才能讓他知道我的暗示？」

　　「妳可以做出更多的理毛動作，妳剛剛沒做太多的理毛動作。」莎莉照做，史坦也跟著理毛。

　　「妳現在用雙眼來撫摸他的臉。」我繼續說：「妳的眼睛繞著他的臉看，每個五官都停留一下子，但每次用眼神撫摸他的臉之後，都要看著他的嘴巴。」莎莉邊說話邊做著動作。

圖30　莎莉跟作者史坦練習做出鏡像動作和讓人想親吻的嘴唇。

　　史坦笑了，「我必須說妳的動作真的很吸引人。」
　　「現在把妳的臉稍微往他的方向移動。」我提議。
　　莎莉的雙唇接近了史坦，在開始接吻之前停了下來，以免角色扮演得太過逼真。接著史坦往後靠，我們都笑了。
　　「這真的很有用。」史坦說。
　　「好，那我們快轉一下，假設晚餐和對話都接近尾聲了，帳單送來了，從這邊開始演吧。」

「我應該讓他付帳嗎？」

「通常來說在第一次約會是應該的。如果妳跟男人見面，他說想要跟妳出去，那他請客，就算是約會。如果妳願意，妳也可以表示要付帳，但可以說：『你想要我們分開埋單嗎？』他應該會懂妳的暗示。讓男人顯露一下他的資源和大方，或許妳之後也有機會請客。」

史坦和莎莉準備好離開的時候，莎莉在穿上外套之前停了下來，給史坦機會協助她穿上衣服，他也做出回應。莎莉和史坦經過辦公室走道，就像是往她的住處走。「我應該握著他的手嗎？」莎莉問。

「妳可以靠著他走路，讓他來開始握著妳的手，或者把手臂靠在妳肩上，這樣妳也能做出相應動作。」

等抵達莎莉的「家門」時，他們互道晚安，史坦說：「我很快會打電話給妳。」但接下來，幾乎同時，他用手指摩擦了鼻子下方。

「喔，天啊。我以為事情進展得不錯，但那個訊號很負面……他嘴巴說的是一回事，但他的身體說的卻是另外一回事。」

「當這樣的事情發生時，幾乎總是身體語言表示的才是真的。」我告訴她。

史坦發出笑聲，他說：「我只是開個玩笑，看妳是不是有在努力觀察。」他承認：「如果約會就像我們剛剛演練的那樣進展，我不太可能會不想再跟妳見面。我只是測

親吻或者不親吻

　　莫妮卡摩爾的研究顯示，女人使用好幾種方法來讓男人親吻她們。

　　對著男人的耳畔悄聲說話，可以讓女人的臉蛋緊靠著男人的臉，如果她維持住這種姿勢不要拉回身體，那就讓他很容易嘴對嘴來親吻。

　　面對面的動作，讓女人把自己的臉孔貼近男人的臉孔，距離幾寸而已。

　　嘟起來的嘴巴是很明顯的跡象，代表她準備好可以親嘴了。

　　另一方面，如果男人看起來試圖要親嘴，而妳不想要或者還沒準備好，那妳可以往後退一點，讓兩人相距超過四十五公分的親密距離，但後退的動作不要太過明顯。

　　當然了，另外一個親嘴的機會是在妳的門邊。如果妳想要被吻，花點時間來尋找自己的鑰匙。

試看看妳是不是有認眞在觀察。」

　　「很有趣！」莎莉說：「這是我需要的，更多的困惑。」

　　「抱歉！」史坦說：「事實上，如果這是眞實人生，我會以爲我們第一次約會很成功，如果我們剛剛親吻了，現在也會在這裡親吻。」

　　「我同意！這眞的是很成功的第一次約會。」我插嘴：「我想妳準備好畢業了，那麼開始在眞實生活中試試看妳所學到的東西吧。」

職場上的性感魅力

我們通常會建議學員在剛開始接受訓練課程之後,要花一些時間來看錄影帶,多多練習新學到的動作,然後再回來接受最後的課程。就算是最優秀的學生,也需要花時間才能開始培養肌肉記憶——某個不確定但卻無法否認的時刻,就可以開始不再思考自己正在做些什麼,而是自動自發地做出動作來。我們多數學員都堅持保密,不想要把自己的錄影帶開放給他人看,這雖然很可惜,卻是可以理解的。但在我們討論課裡,通常觀眾都會為學員在兩個小時內做出的改變而喝采。所以妳可以想見七堂課之後會有多麼戲劇性的變化。

莎莉是個不錯的學生。她花時間練習她所學過的一切,得到的報償是很大的。很多人邀她出去約會,她對自己感覺真的很好,也注意到在娛樂場所或職場裡,人們對她的反應似乎更好了。我們能想見為什麼。沒錯,莎莉看起來脫胎換骨了,更有吸引力、更有自信,也絕對更性感了。

聽起來都很棒,可是莎莉承認有些男人對她的反應太過熱烈了,尤其是在工作的時候;她告訴我們,有位同事

甚至還約她出去。莎莉說她沒意識到自己有什麼調情的舉動，雖然她也承認，她練習之前學到的性感魅力技巧時，自己樂在其中。就如同很多學員一樣，她也提出了不錯的問題，想要知道到底多少性感魅力才是適當的……尤其是在工作的時候。我們對這問題有所準備，這畢竟是個熱門的話題，但也是讓人困惑的話題。在這最後一堂課，我們看到的是上班族的莎莉，她穿了職場套裝。

　　研究顯示，原因在於男人看待女人的行為，跟女人所想要表現出來的，有很大的差異。「所以很性感的走路姿勢可能讓女人覺得更自信，但卻會讓男人馬上聯想到性愛。」我告訴莎莉。「更棘手的是，有時候女人做出帶點調情意味的舉動只是好玩，但男人卻把這種行為當成是約會的邀請或是性愛邀約。這又是一種兩性之間的鴻溝啊。」

　　「那答案是什麼呢？」莎莉問。

　　「這真的需要了解男人是怎樣解讀女人行為，也要調整行為來引起適當的效果。」史坦告訴她。「這意味著幾件事情。在某些情境下，包括職場，女人必須低調點，並

且要避免某些最性感也最有調情意味的舉止。她們在做出好玩，有調情意味的行為時，必須非常小心，要學會運用稍微具有調情意味，但卻不是認真在暗示著情愛關係可能的舉止，這些舉止很好玩，也不會造成男人的誤解。她們也必須學會某些有力的訊號，這樣她們的親和力才不會被誤認為過度脆弱。」

「聽起來就好像是說，在練習增強性感行為的效果之後，我還要學會壓抑這些效果。」

「沒錯。」史坦繼續說：「尤其是在工作情境下，妳應該強調的性感信號是親和力和自信心，應該壓抑的性感信號是脆弱性和對性愛的興趣。妳也可以採納一些有力的訊號，讓妳看起來更有自信也更有權威感，但卻不會讓妳喪失女人味。」

這有道理。

「其實有很多不錯的消息。」史坦繼續說：「妳知道女性主管跟男性主管相比，在多數領域都受到較多肯定嗎？比如一心多用、受委派、分清事情的優先順序等等。她們溝通技巧上面的得分也很高，比如聆聽、處理和解決衝突、指導他人等等。似乎傳統的女性角色可以轉換成較佳的工作技能。」

「很有趣。所以重點不在於工作的時候不該有性感魅

女人只是想要玩玩
（調情的時候）

　　《性愛角色》這本期刊登出大衛列寧森的研究，男人和女人分別被要求想像男女之間調情的場景，把他們認為會發生的事情寫成劇本，並且描述可能牽涉到的動機。

　　男人和女人都認為調情是用來吸引注意力的手段，可以探索對彼此的興趣，不管有沒有性愛的成分。

　　男人更容易假設調情的時候有性趣牽涉其中，有這種想法的男人是女人的一倍半。

　　另一方面，女人比較容易認為調情只是好玩，或者只是單純的享受，有這種想法的女人也是男人的一倍半左右。

　　雖然男人在調情的時候比較容易想到性愛，但一個可能的解釋是，男人和女人想像的是不同的調情場景。男人想的是有認真的浪漫興趣牽扯其中的調情；女人想的是沒那麼認真，較為隨性的調情場景。

力，而在於要強調某些要素，也要淡化某些要素，對吧？」

「沒錯。」史坦回答：「我們先來談談如何有效使用性感訊號。如果妳要傳達出親和力和自信，但要淡化脆弱性和對性愛的興趣，妳覺得妳會怎麼做呢？」

莎莉想了一分鐘。「我應該會消除最性感的性感訊號，比如舔嘴唇，但依然會使用傳遞出一些魅力的訊號。」

「很好。現在我們來複習一下，妳看看要怎樣體現在行為之中。妳覺得坐下來的姿勢，怎樣是有魅力但也不失當的方法呢？」

莎莉改變了身體的位置好幾次，演練了她之前學過的各種動作。「緩慢坐到椅子上很性感，但我絕對不會這樣坐。我能想見良好的儀態是很重要的……一直都是。我覺得如果我穿了寬鬆長褲，那我比較可能翹腿而坐，但不會把一邊膝蓋放在另一邊上。如果我穿裙子，我怕裙子會走光，所以我坐著的時候兩腳應該會往側邊放，腳踝交叉。」

「妳選擇了適量的性感魅力，這對多數情況下都很適用。」史坦說。「不過有時候，妳可能會身處比較保守的情境，這樣妳就要更加低調，坐著的時候雙腿放在前方，在腳踝處交叉，或是兩腿併攏，稍微往側邊移動。這樣看起來比較適當。」（圖31）

「跟我一起工作的多數人都很年輕，所以這應該不太

圖31

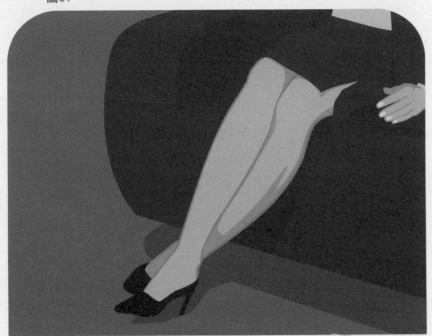

很性感但依然專業的腳部姿勢。

保守但依然性感的腳部姿勢。

需要，但我會謹記在心，以備未來之需。」莎莉說。

「我們再往下個階段進行。」我說：「妳坐著的方式大抵來說很不錯，但如果妳是在參與會議，然後想要發言呢？」

「我會身體往前傾。」

「很好，多遠？」

莎莉慌亂起來，「我毫無概念。」

「妳往前傾的程度視情況而定。舉例來說，如果妳坐在妳老闆的辦公室裡面，他或她在辦公桌後面的時候，妳可以向前傾三十公分。妳可以先從直挺的姿勢開始。研究顯示，地位較高的人通常會比下屬還要來得放鬆身體，所以直挺的姿勢對妳的老闆來說是很有禮貌的。如果妳跟同事在一起，而且你們之間沒有辦公桌之類的障礙物，妳可能完全沒必要向前傾，除非同事讓妳不好開口說話。一般來說，跟老闆或是同事一對一的情境下，身體前傾和快速點頭的技巧，只有在難以進行對話的時候才需要使用。」

「那我應該坐在哪裡呢？有時會有超過一個選擇的情況。」

「這問題很好。」我說：「選擇最有效的座位很重要，這個部分視妳位於誰的辦公室而定。是妳的還是同事的？另外地位比妳高、比妳低，還是跟妳相同？如果這是

妳的辦公室，因為女人比較擅長溝通，妳要好好利用特長，我建議不要坐在辦公桌後面，這樣當妳轉離辦公桌的時候，你們之間就不會有障礙物。」

莎莉說：「我現在只有個隔間，但我希望升遷以後，會有個固定的辦公室。」

「不管妳有沒有辦公室都沒有關係。」我繼續說：「如果妳跟同事見面，他或她坐在辦公桌後面，那就是權力之旅。最好是建議可以移動到其他地方來進行討論；不然至少，如果辦公桌旁邊有椅子，那就選那個地方坐。只要記得，地盤會給地盤擁有者更多權力，尤其如果和同事或是老闆有了起衝突的可能，那就盡可能選一個中性的地點來談話。」

「我在老闆的辦公室裡面該坐在哪裡呢？」

「這要視妳的可能選擇而定。」我告訴她：「如果辦公桌旁邊有椅子，那就選那邊，而不要選辦公桌前面的椅子，但老闆很可能會揮手要妳坐到某個座位上。」

「會議進行的時候，哪個座位最好呢？」

「妳的工作團隊是圍著一張大桌子開會嗎？」史坦問。

「是啊，我們經理會坐在桌子長邊的一端。」

「那妳坐在哪裡？」

「我通常坐在遠離老闆的桌子角落，那邊感覺比較安

全。」

　　「如果妳發言的時候想要被聽到，那理想的位置在哪裡呢？」史坦問。

　　「我絕不會坐在老闆的對面，因為那樣對她的位置似乎太過挑戰。但除此之外，我想最好的位置應該是在桌子某一側的中間附近。」

　　「沒錯。」史坦說：「因為妳在那個位置，可以跟更多人隨時做眼神接觸。」

　　「妳覺得自己站著的時候，多少的性感魅力是恰當的？」我繼續問。

　　莎莉再度嘗試了不同的姿勢，試著選出一種有魅力但不太超過的姿勢。「我站著的時候如果骨盆和胸部往前突出，應該很不恰當。但我覺得站著的時候手放在臀部上應該可以，兩隻腿靠在一起，一邊的膝蓋向前。」

　　「這樣可以，但並不夠有力。」我說：「如果妳站著的時候雙腿分開，一隻腳往外伸，那就較有威嚴也較為平衡。」（圖32）

　　「就像我兩隻腳穩固地安置在地板上一樣。」莎莉心神領會了。「所以我想我不會往內翹起我的腳踝，也是相同的理由。」

　　「沒錯，這看起來太性感也太楚楚可憐了。記得，妳

圖32

專業、性感的站姿：一腳膝蓋往前，
手放在臀部上、大拇指向前。

更有權威但較不性感的專業站姿：一腳往
外伸展，手放在臀部上、大拇指向後。

也要試圖淡化楚楚可憐的感覺。這就是為什麼把手放在背後並不是很有效的站姿，這樣站不會超級性感，但卻太女孩子氣了。」

「我的站姿要怎麼隨著談話對象的不同，而加以改變呢？」

「大多數情況下，這些站姿都沒有問題，不論妳是跟誰講話。」我繼續說：「妳也不會一直保持相同的站姿。兩腳分開，其中一腳角度向外的站姿，是最有力的一種。跟妳的老闆在一起的時候，妳可以採取較不咄咄逼人的站姿，手放在臀部上面，重心稍微往一腳上移動。更低調的作法，就是不要把手放在臀部上，讓兩隻手都可以做出手勢來。」

「那我猜正確的走路姿勢，就是臀部稍微擺動，身體挺直，我猜對了嗎？」

「沒錯。」史坦說：「妳依然想要看起來有女人味也性感，但不要太過明顯、太過挑逗。正確儀態可以傳遞出自信和整體魅力，也不要低估其重要性。」

「我平常走路的方式就是這樣，所以我沒必要做出改變，這樣就少了一樣事情要留意了。」

「另外一件妳不必特別思考的事情，就是妳使用雙手的方式。」史坦補充說明：「很明顯的，妳不該做出任何

性感的自我碰觸動作。但妳學到關於手勢的所有技巧，比如手腕彎曲，或是伸開手指，都可以在工作的時候使用。做出理毛動作也沒關係，但頻率不要太密集。我們也建議妳拿取眼鏡和鉛筆之類的物件時，可以繼續用女性化的方式來拿取。」

「那握手、揮手打招呼和揮手道別呢？」莎莉問。

「在大部分情況下，商務間的握手應該都是手掌對手掌。」我告訴她：「只把手伸出來手掌向下的話，給人的感覺就太軟弱了。妳揮手的時候，手指可以張開，左右揮動著手，但不要只移動個別的手指，這樣看起來太諂媚、也太女孩子氣了。」

「好。」莎莉繼續說：「我猜下一個要努力的動作，就是雙眼的使用。我會說良好的眼神接觸是很重要的。但妳應該不會想要做其他的性感訊號，比如眨眼或是斜瞄。」

「事實上，工作上使用雙眼的方法，比妳所想的還要複雜一些。」史坦說：「妳說得沒錯，妳不會眨眼、用斜瞄、臉部愛撫，或看起來太挑逗的『那種眼神』。但在較輕鬆的場合，做出一些輕眨眼的動作可以讓自己看起來比較柔和。此外，快速的室內掃描，在社交時間或是會議結束以後，可以讓妳看起來比較好親近，也能跟他人表示妳想要跟他們說話。良好的傾聽訊號顯然也是很重要的。舉

例來說，如果妳跟同事談到她的個人煩惱，妳想要特別提供支持的話，妳可以展現出傷心的眼神，讓眉毛在眼睛上方擠在一起，並維持不變的眼神接觸。頭部稍微傾斜和閉嘴微笑都很適合。」

「那我何時不該維持良好的眼神接觸呢？」

「當妳正準備提出不同意見，或是你們處於衝突的情境下，妳可以不時把眼神移開，在妳準備好回應之前，先不要點頭。」史坦說。

「這不會太挑釁、太缺乏女人味嗎？」莎莉問。

「不會。這算是有禮貌的方式，來警告對方妳不接受他所說的每件事情。」史坦回答：「否則，如果妳的身體語言表現出妳同意對方所說的每件事情，但等對方知道妳不同意他的說法時，會出現很不愉快的局面。在團體裡面，尤其是很大的團體，如果妳想要提出不同意見，妳會需要維持斷斷續續的一定量的眼神接觸，來得到講話人的注意，不要持續點頭，而是在開始提出不同意見的時候快速點頭。在其他的情況下，通常良好的眼神接觸是很重要的，尤其研究顯示，女人比男人還要常維持眼神接觸，所以這是女人較被期待的行為。」

「記得，妳不必做出所有女人通常會做的事情，比如一直專注聆聽。」我解釋：「提醒別人妳有女人味和親和

力的是性感訊號，就算當妳不同意的時候也是一樣。」

莎莉安靜了半晌。「如果眼神接觸不總是適當的，我猜測微笑也不全是適當的。」

「妳猜對了。」史坦說：「研究顯示女人比男人還常微笑。」

莎莉變得防衛起來，「你是說在工作的時候，我不應該比男人還常微笑？」

「不是的。」我打斷：「妳應該比男人還常微笑，因為這是妳的資產，我說的是親和力。但妳的笑容是有選擇性的。妳跟別人打招呼和道別的時候可以微笑，接受他人適當的讚美或是回應有趣的評論時可以微笑，或者妳在大廳看到經常遇到但卻不太熟悉的人時也可以微笑。」

「微笑的方式也很重要。」史坦補充說明：「舉例來說，妳應該在微笑的時候避免經常傾斜頭部，這樣的動作用在打招呼上有時候很適合，但頭部應該只是稍微地偏向一側，也不必維持太久，因為研究顯示這是很順從的舉止。」

「就如同暴露出頸靜脈一樣？」莎莉問。

「沒錯。微笑的時候頭部左右搖擺，就像搖頭娃娃一樣，看起來太順從也太巴結了。」

「那我何時不應該微笑呢？」

「當妳處於衝突情境下，或是意見不同時，或者當妳

想要加入談話的時候。」我回答：「妳想像一下，妳、史坦和我在開會。史坦和我正在跟彼此講話，妳想要在某個時間點插話進來。我先把錄影機打開，這樣等等我們可再回放。」

「我真的覺得現在的員工工作量太大了。」史坦開始了角色扮演：「我們都工作過量了，而生產力反而下降。」

「我同意。」我說：「但現階段沒有足夠的預算來錄用更多員工，所以那方面真的沒什麼可以做的。」

我們來來回回了一分鐘，就像我們之前建議的，莎莉身體往前傾，她開始說話。

「我認為……」在史坦打斷她之前，她只能吐出這三個字，史坦幾乎沒發現她的存在，就繼續跟我說話了。然後他轉向莎莉問：「妳知道妳剛剛做了什麼嗎？」

「我像你們教我的一樣身體往前傾，但你忽略了我。」

「我們看一下錄影帶。」我建議：「注意看看妳試著講話的時候，妳做了些什麼？」

「我往前傾的時候看起來有一點躊躇不決，也許我可以做出手勢來。」

「沒錯，但妳剛才還做了些什麼？我們再看一次。」

「喔，妳是說我試著加入談話的時候微笑了？我只是試著顯露出我沒有不同意見，想要提出友善的建議。」

「這就是問題所在。」史坦說：「微笑跟妳的目的相衝突，因為當妳想表現出有信心的樣子好加入談話，微笑會給人順從的感覺，所以其他人知道妳不會努力讓自己被聽到。傳播學者卡爾卡姆登的研究顯示，女人如果微笑來試圖被人聽到的時候，通常會受人冷落，尤其是男人。」

　　「所以我想那是不該微笑的情境。」莎莉說。

　　「沒錯，妳也應該避免其他友善但卻看似順從的行為，比如傾斜頭部。」

　　「那如果只是隨意的聚會，而非商業會議呢？」

　　「那妳就可以有更多微笑。」我說：「妳可能不必那麼強硬來加入別人談話，但妳依然希望有些發言權。這對妳給人的印象是正面的。」

　　我們又讓莎莉演練了好幾次加入談話的場景，後來她終於變得更為強硬，也不再露出笑容。莎莉也繼續讓人明白她的想法是有價值的，但等到她開始說了一些話以後，史坦打斷了她。

　　「這樣好多了。」史坦說：「我相信妳會注意到很大的不同，妳在會議裡會獲得不少重視。但還有一件事情也請注意，妳講話的速度稍嫌慢了，在做簡報或是在團隊中發言的時候，用稍微快一點的速度講話會比較有效果，但也不要過快而讓人受到冷落。妳也應該用不少手勢，跟每

位聆聽者做短暫的眼神接觸，一次一個，然後用大量的聲音變化來強調妳的論點。」

「聽起來就好像你覺得我不夠有活力。」

「沒錯，這點妳還需要加把勁。妳使用聲音的方法，在一對一的商務對話裡面是很合適的，因為此時用少一點聲音變化和少點手勢，會更為有效。」

「另外一件要僅記在心的，就是一對一的對話裡，妳可以練習聲音配合。」我說：「但不要馬上做出配合，免得顯得太過順從，妳可以看看其他人是否也跟隨妳的說話步調。跟太慢的人說話，妳可以剛開始先用慢速度配合他，之後再逐漸加快速度，這就是定速並引導。相反的，如果對方講話太快，那妳一開始先配合他們速度，然後再試試看能否讓他們減緩速度。」

「有點像在調情時做的事對嗎？」

「是的。如果妳想要對方覺得妳是與他們同步的話，聲音配合幾乎對所有的談話都是有用的。」

「那妳對我的音高有什麼看法呢？」莎莉問。

「沒問題。妳現在的音高在最適宜的範圍，也比妳之前還放鬆許多，聽起來不會吱嘎作響。妳為什麼這樣問呢？」我說。

「我工作地方有個女人，她的聲音高頻就像小女生一

爭取發言機會

　　溝通學者維曼和納普的研究（《溝通期刊》）顯示，有一些行為可以使用，以請求加入一個團體裡面，妳放出的訊號愈多，妳被聽到的機會就愈多，這些訊號的使用順序如下：

（1）身體往前傾。

（2）眼睛直接看著發言者，快速點頭。

（3）準備做出手勢的手部姿勢（手碰著頭或是下巴）。

（4）談話前在空中做出的手勢。

（5）吸氣時發出聲音，或是用「結巴」方式說「我……我……我……」。

（6）如果團體裡面有很多打斷的聲音，那可以用愈來愈大的音量來蓋過他人的聲音。

　　最後，一旦妳參與了談話，社會學者斯塔基鄧肯的研究顯示，就算妳暫時停頓，妳也可以使用「壓抑他人發言機會」的訊號，比如「啊」或「嗯」的聲音，或是繼續使用半空中的手勢，來維持自己的發言權（見《性格與社會心理學期刊》）。

樣，尤其是在跟資深經理職位的年長男人說話時。他們對她的反應似乎都不錯。但根據妳告訴我的，那應該不會有效果才對。」

「曾有女性學員這樣對我說話。」史坦說：「那是試圖引發年長男人的父親衝動。有很少數的女人可以用這種聲音達成強烈的效果，但大多數情況下，這會讓妳顯得脆弱無力，所以是很冒險的策略，我絕對會建議要加以避免。而且眼睛睜大加上這種聲音，更是會讓妳顯得楚楚可憐。」

「我來看看我現在理解得如何了。」莎莉說：「微笑很不錯，因爲可以讓我更有親和力，但我微笑的時候不能有其他順從的訊號，除了在友好的打招呼時快速的頭部傾斜之外，我也不該在試圖發言的時候微笑，尤其是在一群人之中。」

「很好。」史坦和我異口同聲的說。

「當我進入房間的時候，快速的室內掃描也不錯。」她繼續說：「我在團體裡面的位置，應該可以看見他人也被他人看到，並使用愈多愈好的主動爭取發言機會的訊號來讓自己有機會發言。當我在較大的團體裡面說話時，我應該使用稍微快一點的速度，在一對一的互動裡，我應該更專注在配合對方的說話步調。當我聆聽的時候，我應該維持良好的眼神接觸，除了在衝突或是意見不同的場合

外。」

「很好，妳眞的是很棒的學生！」我說：「妳已經可以嘗試最大的議題了，也就是在職場上成功調情。我之前說過，女人更容易把調情當作樂趣，而男人傾向把調情跟性愛掛鉤。華爾街日報在二○○○年的一篇文章，提到女人，尤其是年輕女性，在行爲上會比較外放，有些女性顧問事實上會建議在職場上使用女性魅力。總結來說，妳工作的時候可以偶爾調情，但必須用一種很特別方式，以免男人會錯意。在一九六五年，非語言行爲專家阿爾伯特雪夫蘭稱這叫做『類求愛』。」

「類什麼？」

「類求愛是個術語，代表著妳雖然在調情，但卻也使用一些訊號來降低調情的效果，讓人明白妳只是好玩而已。」我解釋：「這就像是在說『你很有魅力，跟你調情很好玩，但我對你沒有情感上的興趣』。」

「換句話說，就是我們玩樂一下，但不要期待會有性愛。」

「差不多就是這意思。關於類求愛的好消息，就是能讓隨意的談話變得更有趣，讓銷售員有更好的業績，也能讓人感覺起來特別友善，還會增進跟妳在一起的人的自尊。但如果妳不想要給人錯誤印象，有些規矩妳絕對要遵守。」

「比如說？」

「很明顯的，許多火熱的調情手法，比如舔嘴唇或是其他的性感碰觸，包括碰觸自己，都要避免。有些求愛訊號，比如理毛、頭部傾斜，或是一些眨眼和睜大雙眼都沒有關係，但最性感的站姿要避免。」

「我不是太糟糕的學生啊！」莎莉說：「我想我之前就有想到這些了。」

「我知道，我只是要提醒妳。但還是有些技巧可以降低調情的效果，讓調情沒那麼認真。事實上，情境本身就可以減輕調情訊號的效果，尤其是當妳在辦公室裡面，有其他人在附近的時候。這種情境會加強印象，讓人知道妳沒在做任何違法或是太私密的事情。」

「糟糕，我這點就搞砸了。」莎莉說：「記得我說過有個男同事邀我出去約會嗎？我在公司舉辦的野餐跟他有些輕微的調情動作，而且當時有其他人在場，但我們兩個卻單獨站在一邊。」

「這情境有點曖昧，因為你們遠離了辦公室。」史坦說：「但重要的，是妳發出明確的身體語言訊號。如果妳不時往四處看，就會引起他人注意，畢竟那場合不適合用來認真調情，妳的動作就好像在說『大家快看看我們在哪啊』。就算在野餐場合，如果妳看了附近男人好幾眼，他

就會開始知道妳的訊息。」

「在職場含蓄著注意周遭環境，能有效降低調情效果。」我補充說明：「但也有一些訊號是妳可以送出去的，訊號愈多，妳的意圖就愈清楚。」

「比如說？」

「最重要的，就是讓妳的身體稍微轉離男人的方向。記得妳之前學過，隨著求愛的進展，人們會愈來愈轉向彼此嗎？如果稍微往旁邊站，就意味著你們的關係應該不會有所進展。」

「換句話說，我是在打斷求愛序列？」莎莉說。

「沒錯，妳觀點很棒。」我回應。

「事實上，我不記得自己是不是朝著他的方向站，但我想我跟他站得太近了，也許只有四十五公分的距離。」

「愛德華賀爾在一九六六年提出親密區域的說法。」史坦點頭表示同意，「沒錯，這樣距離太近了。求愛序列進行時，兩個人的身體不但會往對方的方向轉，而且兩人距離也會縮短。」

「有一些其他的手法可以讓妳澄清自己的意圖。」我補充說明：「舉例來說，妳也可以看著其他路過的男性，讓他知道他不是妳唯一專注的對象。」

「之前有些男人也會這樣對我，居然在跟我約會的時

候，還看著其他女人！」莎莉說：「妳說得沒錯。不需要天才也知道，這樣的舉動代表你們之間沒太多火花。有沒有其他事情是我可以做的，讓自己看起來不要太像在調情呢？」

「這招妳可能已經知道了。」我告訴她：「要降低跟同事調情的效果，可以無意間提起男友、約會對象、丈夫或者是小孩。」

「是啊，這我知道，但我現在沒有男朋友，我也不想要說謊啊。」

「這不是問題。」史坦說：「妳可以談論妳正在約會的對象，或者有個輕鬆的解決之道，就是把話題轉移到較不私人的事情上。多談談工作，如果妳正準備離去，談談妳要返回去做的工作。妳還可以再加上一些代表告辭的訊號，比如更常往別處看，變換雙腳姿勢就好像要離開一樣，或者說『很高興跟你聊天』之類的話。」

「男人不會覺得這些拒絕人的訊息太過於侮辱人嗎？」

「不會。」史坦說：「多數的男人都會接到認為他們很有魅力的訊息，而且會很珍惜，就算沒有浪漫情事發生也一樣。」

「有一些男人不管怎樣都搞不清楚。」我提醒她：「有些男人甚至認為如果女人對自己微笑，那就代表她有

興趣，代表她很饑渴。」每個人都笑了。

「我們來試著練習類求愛看看。」我提議：「想像一下，史坦是工作上的同事，妳已經好一陣子沒看到他了，你們停在大廳裡幾分鐘好聊天。」

莎莉面向史坦站著，幾乎是正面相對。「嗨，史坦，我好久沒看到你了。」莎莉微笑說著，把頭傾斜，做出幾次的理毛動作。

「哇，真高興看到妳。」史坦說，他笑容堆滿面，做出理毛動作。

莎莉停下了角色扮演，「我做了些什麼，怎麼他反應那麼熱烈？」

「有一些事情。」我告訴莎莉：「妳靠他很近，也跟他正面相對。妳臉部傾斜，做出理毛動作，都太靦腆了。看起來妳真的就像是在調情一樣。」（圖33）

「我們再試一次吧。」我建議。

莎莉再度開始對話，這次沒跟史坦正面相對。她露出微笑，但理毛動作較少。史坦談到在網球營的一個禮拜，莎莉說網球是她一直想學的，但即便是她約會對象都放棄教她打球了。他們繼續談天，她不時環顧著辦公室。她表現一直很不錯，史坦決定要投出變化球，來看看她怎麼處理。

圖33 作者史坦和莎莉對辦公室談話的角色扮演

調情味太重的姿勢。

姿勢稍微改變來降低性感魅力的效果。

「我希望有機會可以教妳怎麼打網球。」史坦咧嘴笑著說。

莎莉突然停下來。「我又做錯了什麼？」她說：「我記得要避免太面向他的方向，也不要靠他太近，我看著四周，暗示著他不是我唯一感興趣的人，我也讓他知道我有約會對象，但他還是企圖約我！」

「其實妳表現很好，我只是想要考驗妳。」史坦說：「在類似的情況下，妳跟他不要做太多的調情訊號，希望他可以領會妳的暗示。如果他堅持的話，妳可以告訴他妳不感興趣。如果他依然堅持，那妳可以先警告他，然後有必要的話可以舉發他對妳性騷擾。但要確定自己已經給出明確訊息。糟糕的地方在於，有些女人認為自己在隨意調情，但她們並沒有做出降低調情效果的訊號。」

「我懂了。」莎莉說：「即便這樣，如果我真的很喜歡這位男人，我是說，我有興趣跟他約會，該怎麼辦？」

「辦公室戀情的確會發生，也愈來愈常見，在某些組織裡也獲得接受。」我說：「如果妳真的想看看有沒有可能性，那就在辦公室環境以外的地方跟他見面。」

「在外頭見面後，我建議妳在辦公室裡可以繼續跟他有類求愛的動作，甚至也可以跟其他人。這很棘手，妳不要在職場突然改變自己的行為，因為這可能會引人注意妳

剛萌芽的關係。」

「假如說，我真的跟工作上認識的人有了感情牽扯，那要怎麼辦呢？」莎莉問。

「那妳不要太明顯地表現出來。」史坦回答：「你們不要牽手，別把手臂繞著對方，別在他人在場的時候在對方耳邊悄聲說話，下班的時候也不要一起走去停車場。就是要避開工作的場合。」

「其他人不會知道嗎？」莎莉問。

「這不重要。」我們異口同聲說：「不要表現出來就好。」

「這真的讓人增廣見聞。」莎莉告訴我們。「我可以理解工作的時候傳遞出適量性感魅力的重要性，而且處理性感魅力的方式不同，就可能有好處或者壞處。我還需要知道什麼其他的嗎？」

「事實上，我們也有新的課程來訓練領袖魅力，這會讓妳知道要怎樣才能讓別人覺得妳有領袖魅力。」

「只有在職場上？」莎莉問，好奇心被挑起了。

「不是，到處都可以。」我告訴她：「但那是以後的事了。妳現在有很多事情要努力。」

「所以我們課程結束了？」

「對啊，結束了。」史坦說：「不過在離開之前，伊

娃和我希望妳對這次的經驗提供些回饋。」

　　她想了一下，「這真的很有力，能改變人生，真的。剛開始非常困難，我想沒有人想觀察自己給人的感覺是怎樣的。知道自己要做出多少改變，才能擁有一些性感魅力，真的很讓人沮喪。但只要練習的時間愈久，就變得愈容易，愈來愈不感到害羞。而且，當我開始看到成效，並從異性那裡得到不錯的反應時，就真的很有趣了！我知道我還有很多地方需要練習，但覺得自己已經擁有了很棒的工具。」

　　「這些技巧需要幾個禮拜到幾個月的規律練習，才能建立起肌肉記憶，讓它們變成妳非語言動作自然而然的一部分。」我告訴她：「但只要肯花時間練習，幾乎所有人都可以發展出性感魅力。」

　　「好，你們兩位都擁有性感魅力。」莎莉笑著說。

　　「重點不是年齡，而是態度。」史坦說，眨了一下眼。

　　「妳以後要不時回來找我們一下。」我說：「我們想要知道學員的近況。」

　　「我一定會的。」莎莉說，她分別給了我們一個擁抱。

國家圖書館出版品預行編目資料

學性感。成功女人必備的身體技巧 / 伊娃・馬哥利思（Eva Margolies），史坦・瓊斯（Stan Jones）作；許逸維譯. -- 初版 -- 新北市：十色出版；臺中市：晨星發行，2012. 12
　　面；　公分. --（十色Love系列；6）
　　譯自：Seven days to sex appea
　　ISBN 978-986-88334-5-6（平裝）

　　1.姿勢 2.身體語言 3.性心理
　425.8　　　　　　　　　　　　　　　101022446

作　　者 / 伊娃・馬哥利思 & 史坦・瓊斯
譯　　者 / 許逸維
總 編 輯 / 林獻瑞
責任編輯 / 葉慧蓁
封面設計 / 雨城藍設計事務所
內文排版 / 林姿秀

出 版 者 / 十色出版事業有限公司
　　　　　231新北市新店區北新路三段82號11樓之4
　　　　　電話：02-8914-5574　傳眞：02-2910-6348
負 責 人 / 陳銘民
發 行 所 / 晨星出版有限公司
　　　　　台中市407工業區30路1號
　　　　　電話：04-2359-5820　傳眞：04-2359-7123
　　　　　E-mail：service@morningstar.com.tw
　　　　　http://www.morningstar.com.tw
郵政劃撥 / 15060393　戶名：知己圖書股份有限公司
法律顧問 / 甘龍強律師

總 經 銷 / 知己圖書股份有限公司
　　　　　（台北公司）台北市106羅斯福路二段95號4樓之3
　　　　　電話：02-2367-2044　傳眞：02-2363-5741
　　　　　（台中公司）台中市407工業區30路1號
　　　　　電話：04-2359-5819　傳眞：04-2359-7123

承　　製 / 知己圖書股份有限公司　電話：04-23581803
初　　版 / 2012年12月01日
定　　價 / 280元

ISBN 978-986-88334-5-6

十色出版事業有限公司　收

407　台中市工業區30路1號

「十色客」大募集！

享受性福是成人的權利！我們開始拉幫結社，建立一個健康、樂活的性福樂園。不必大聲喧嘩，
透過寧靜的出版、閱讀，十色客的力量與影響就能被看見！理念相同者，歡迎填妥背面資料剪
下，寄回或傳真至（02）29106348，即時掌握十色客最新活動與優惠訊息。

更方便的購書方式：

1.網站：http://www.morningstar.com.tw
2.郵政劃撥
　帳號：15060393
　戶名：知己圖書股份有限公司
　請於通信欄註明購買之書名、數量

3.電話訂購：直接撥客服專線
　（04）23595819#230
　傳真：（04）23597123
　客服信箱：service@morningstar.com.tw

十色客回函卡（0162006）

個人基本資料（有★號者為必填項目）

★姓名：＿＿＿＿＿＿＿　★ 性別：□男　　□女　　★生日：　　年　　月　　日

★E-mail：＿＿＿＿＿＿＿＿＿＿＿＿＿＿

電話：（　　　）＿＿＿＿＿＿　地址：＿＿＿＿＿＿＿＿＿＿

教育程度：□博士　□碩士　□大專　□高中　□國中　□國小

個人購物資訊

哪裡購買：

□博客來　□誠品　□金石堂　□何嘉仁　□7-11　□全家　□萊爾富
□大潤發　□家樂福　□其他＿＿＿＿＿＿＿＿

如何得知此書訊息：＿＿＿＿＿＿＿＿＿
□逛書店　□報紙雜誌　□網路書店　□朋友介紹　□電子報　□廣播　□店頭海報
□其他＿＿＿＿＿＿＿

喜歡何種促銷活動：
□贈品　□打折　□抽獎　□其他＿＿＿＿＿＿＿＿

購買本書原因：
□內容符合需求　□ 封面吸引人　□價格OK　□其他＿＿＿＿＿＿

你希望獲取下列哪方面的訊息：
□ 性愛技巧　□ 性愛保健　□ 性教育　□情色小說　□ 性文化
□ 其他＿＿＿＿＿＿＿

有話想告訴我們